微信小程序
产品+运营+推广实战

牛建兵◎编著

清华大学出版社
北京

内 容 简 介

本书注重实战，通过具体的案例分析，讲解微信小程序的市场状况、人员分工、小程序需求设计、小程序体验设计、小程序项目管理、小程序推广、效果评估与优化、项目融资、微信小程序未来的发展方向以及创业前景等，帮助创业者开发出一款有市场潜力的微信小程序，让投资者对投资项目做到心中有数。

通过本书的阅读，读者能掌握开发和运营微信小程序的策略、方法和技巧。本书非常适合微信小程序创业者、投资者阅读。

图书在版编目(CIP)数据

微信小程序：产品+运营+推广实战 / 牛建兵编著. — 北京：清华大学出版社，2017
ISBN 978-7-302-47873-7

Ⅰ.①微⋯　Ⅱ.①牛⋯　Ⅲ.①移动终端－应用程序－程序设计　Ⅳ.①TN929.53

中国版本图书馆 CIP 数据核字(2017)第 179459 号

责任编辑：刘　洋
封面设计：李召霞
版式设计：方加青
责任校对：王荣静
责任印制：宋　林

出版发行：清华大学出版社
　　　　　网　　　址：http://www.tup.com.cn，http://www.wqbook.com
　　　　　地　　　址：北京清华大学学研大厦 A 座　　　　邮　　编：100084
　　　　　社 总 机：010-62770175　　　　　　　　　　　邮　　购：010-62786544
　　　　　投稿与读者服务：010-62776969，c-service@tup.tsinghua.edu.cn
　　　　　质 量 反 馈：010-62772015，zhiliang@tup.tsinghua.edu.cn
印 装 者：三河市金元印装有限公司
经　　销：全国新华书店
开　　本：170mm×240mm　　　印　　张：16　　　字　　数：240 千字
版　　次：2017 年 9 月第 1 版　　　印　　次：2017 年 9 月第 1 次印刷
印　　数：1～4000
定　　价：49.00 元

产品编号：075555-01

随着时代的发展，移动互联网格局已经悄然发生了变化，马太效应使互联网形成了 BAT 三足鼎立的局面，人们越来越依赖这些巨头开发的应用程序，而中小企业却越来越难以发展。尤其是对于正准备互联网创业的人来说，无论是成本还是市场，都面临着巨大考验。

微信小程序的出现无疑打破了这一尴尬局面，许多创业者有了一个新的创业平台，在这个平台中，无论是大企业还是个人，只要能够开发出一款令用户满意的小程序，就等于拥有了市场。

为了让想要进行微信小程序创业、投资以及开发小程序的技术人员了解更多关于微信小程序的知识，本书从微信小程序概况、运营、推广三个方面讲解。

本书先从整体介绍小程序的出现会对传统企业带来什么样的影响，再对小程序的竞品、用户、开发条件、设计等方面进行介绍，然后结合小程序的特点，介绍了一些适合小程序的推广方式，以便给小程序推广者带来一定启发。

除此之外，本书还介绍了如何进行小程序的评估、对小程序的项目进行融资，以及对小程序的未来作评估，从而使互联网从业者对小程序有一个更加深入的了解。

本 书 特 色

1. 内容全面、详略得当

本书涵盖了微信小程序从产品到运营再到推广等各个方面的内容，包括小程序产生的背景、遇到的问题、设计小程序时需要注意的事项；小程序项目如何运营和推广，如何更好地进行融资。并且根据侧重点的不同，对小程序进行不同程度的介绍，使其内容详略得当。

2. 案例丰富，有利于读者理解理论内容

本书不仅有理论性知识介绍，还会配合具体案例进行讲解，通过案例分析，可以把一些专业性比较强的知识点和难理解的知识点更加清楚明白地展示在读者面前，使读者能够对理论内容有一个更深入的理解。

3. 衔接到位，帮助读者学以致用

本书在对知识点进行讲解的同时，还配合大量的应用情景，把生活中一些经典的案例情景和讲解的内容结合起来,这样就可以做到理论和实际衔接到位，让读者在阅读的时候，能够进行轻松的联想，达到学以致用的效果。

4. 图文并茂，激发读者兴趣

为了让读者更容易理解，全书采用图文并茂的形式，激发读者的学习兴趣。

作者

2017.4.30

目录

第1章

微信小程序来袭，开启移动互联网下半场较量

1.1 小程序问世原因：移动端马太效应愈发明显

　　早在 2014 年年底，智能手机就已经占据手机联网数的 91%，这一数据表明移动互联网的红利期已经完结，增量的竞争已经逐渐演变为存量竞争，而这一现象也直接促成了移动互联网马太效应的形成。

　　任何一个步入成熟的商业市场都会出现马太效应，这种效应会形成一个局面，导致强者更强，弱者更弱。在移动互联网时代，马太效应的演进形成BAT（百度、阿里巴巴、腾讯）三大巨头鼎立的局面。从排名前 20 名的应用也可以看出，仅 BAT 三大巨头就有 17 家，占据主要市场。特别是在一些服务与功能齐全的超级 APP 中，BAT 更是占据着主要的份额，例如，百度、百度地图、微信、QQ、淘宝、支付宝等 APP 几乎存在于每一个用户的手机里。图 1-1 是 2016 年 11 月移动 APP 独立设备覆盖情况 Top10。

　　除了对超级 APP 市场的控制以外，BAT 还把势力逐渐扩展到各大垂直领域，如浏览器、视频、旅游等方面。更令人感叹的是，在这些垂直领域中，BAT 依然迅速取得了辉煌的成绩，在排名前三名的垂直应用中，它们占据了70% 的市场。

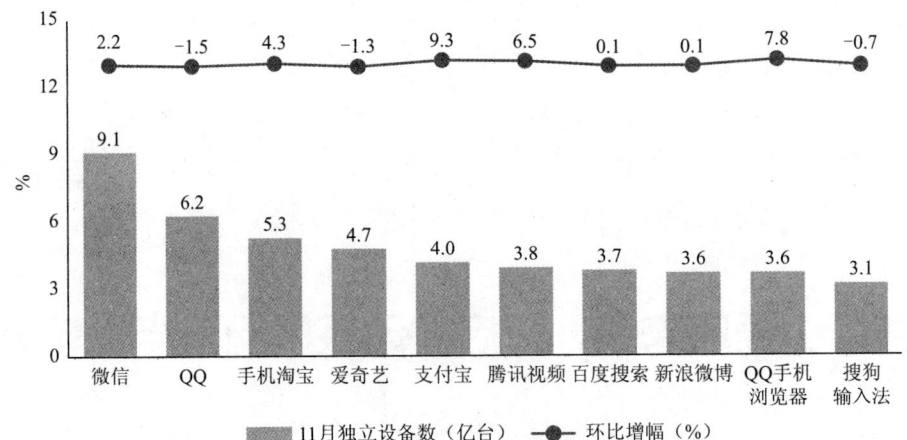

图 1-1　2016 年 11 月移动 APP 独立设备覆盖情况 Top10

　　而且这一现象受马太效应的影响也变得愈演愈烈，一些中小企业在移动市场的地位岌岌可危，想要直接在 APP 上和三大巨头抗衡无异于以卵击石。在这种情况下，以轻应用形态出现的微信小程序为中小企业提供了一条新的发展道路，避免了和市场巨头的直接碰击。

　　据美国科技界最有影响力的媒体人之一莫博士观察，绝大部分用户一个月不会下载一个应用。据调查，国内应用市场约有 400 万个 APP，APP 行业的现状是：野蛮生长、大量死亡、很少被记住。APP 开发、发掘客户的成本高，导致流量少的 APP 处境艰难。

　　举个例子，电影行业、游戏行业或直播行业之间的竞争非常激烈，你在看电影的时候不可能同时去玩游戏，网民可以随时随地去玩直播，这对电影行业的打击是巨大的。如 2017 年 1 月美国上线的电影《玩命直播》就是以直播的形式展开的。

　　另外可以假设一个场景，你买了一本纸质的书，你希望自己能够完整地读完这本书，然而自己在阅读时，可能一边在玩微信、一边听着音乐、一边吃着零食，又可能其他人一个电话，就离开了阅读状态。

　　线上流量饱和后，深挖的场景就落到线下。线下用户的时间可以被某个场景独占，比如等公交的时候，时间被公交独占，吃饭的时候，时间被饭店独占。

如果在这些被独占的线下场景中提供了最适合这些场景的服务，是否更容易吸引客户使用这个服务呢？这就是小程序出现的根本原因，腾讯的目标是连接一切，连接线上线下。

国内的物联网发展了十多年，为什么最近才开始真正爆发呢？一是硬件成本的降低；二是底层算法的打通；三是二维码技术的高速发展。大家可以想象一个场景，劳累了一天到家后，你躺在床上，用手机打开台灯，用手机将热水器打开，用手机遥控电视，用手机将空调温度调到20℃。手机提醒你，水已经烧好了，离开卧室，手机一键关闭电视、台灯、空调。洗完澡之后，一键打开电视、台灯、空调，晚上休息之前，用手机给电饭煲定时煮粥，之后打开睡眠小程序，听着音乐安静入眠，这就是所谓的智能家居。

1.1.1　中小公司受制于渠道寡头

对于互联网企业来说，长尾效应也是其显著的特点，但是在原生 APP 中，这种效应并不能体现出来。这是由于马太效应的影响，市场上最受欢迎的 APP 几乎都是由几个巨头把控，用户的注意力和下载量全都被明星 APP 所吸引，中小企业想要发展起来实属难事。

BAT 几乎霸占着每一个用户的手机，无论是从社交、电商、金融等各个方面都有它们的身影，并且占据主要市场。APP 市场已经逐渐饱和，一些高频场景已被抢先占据，中小企业如果想要在高频市场上抢得一席之地，其难度可想而知。尤其是对于那些刚刚进入原生 APP 领域创业的人来说，难度越来越大。

在百度发布的《移动互联网发展趋势报告》中显示，原生 APP 开发者已经面临着非常大的挑战。虽然用户手机里的原生 APP 数量与日俱增，但是启动数量却在减少。而且用户的使用时间也集中在高频应用上，对于一些低频应用和新出的原生应用，面临着被用户忽略的困境。

在各大应用商店中，很多低频应用和不知名的原生应用少有人问津，还有很多应用根本无法到达用户的手机上。用户下载量最大的前 1000 名的应用占据了总下载量的一半以上，而对于应用商店中其他的数百万个原生应用却鲜有人知，可见，马太效应在用户下载量上体现得很明显。如图1-2所示，360应用市场上的热搜排行榜上，用户下载的主要应用都是大家比较熟悉的。

图1-2　360应用市场下载排行榜

在使用频率上，BAT三大巨头占据了主要的高频场景，用户在使用时间上也是以这几个为主，对于一些中小公司开发的原生APP，即使在下载后也总是被用户遗忘在角落里。据统计，约有六成的原生APP在下载安装后一周之内未被使用，其中还有三分之一的原生APP在一个月内未被用户使用，从而演变成僵尸应用。

从移动互联网的手游方面来看，腾讯、网易游戏、巨人网络、搜狐畅游、完美世界等这些互联网巨头或者是游戏大厂具有非常强大的互联网渠道，它们带着丰富的资源进入了手游界，这对整个手游产业的影响都是非常巨大的，而一些中小游戏公司面临的压力会更大。

在一些比较主流的应用平台上，如苹果、应用宝、360手机助手应用平台，可以发现一些游戏榜首的主要位置已经被中重度的手游占据，而这些中重度游戏都是游戏大公司所做，它们凭借着自身的优势在游戏排行榜上占据着主要的位置。

在苹果应用市场最新调查中显示，在中国区游戏的前20名中，有9个都是腾讯游戏，如果把这前 20 名的位置看作一个分发渠道，那么这些互联网巨头早已占据主要的渠道。而那些中小公司在渠道上大大的受到限制，它们的产品自然也难以得到有效的曝光。

所以，从总体上来看，移动互联网市场主要被几大巨头把控，主要渠道也被几大巨头控制，中小企业竞争力弱也是非常自然的事情。在这种情况下，中小公司只有进行积极的转型或者转变策略才能得以生存。而微信小程序的到来可以说让很多中小企业看到了一丝曙光，小程序相当于微信在自己内部搭建的一个应用市场，和原生 APP 有着很大的不同，小程序无须下载安装即可直接打开，这将会给原生 APP 带来巨大的冲击，尤其是低频场景。可见，微信小程序必然会给许多中小公司一个新的发展渠道,减少与互联网巨头的直接碰撞，这对于中小公司来说，虽然面临着转型的局面，但未必不是件好事。

1.1.2　更多轻应用建立在超级APP之上

关于未来移动互联网的生态，有人这样预测：正在向"有限个超级 APP+无数个 Web APP"的局面发展。由于中小企业在渠道上受互联网巨头的限制，它们开发的 APP 很难发展起来，打开率一般都很低。移动互联网的马太效应让很多人猜测，一些巨头控制的 APP 将成为超级 APP。在很多人都在争先恐后抢占 APP 流量入口时，移动端出现了"轻应用"的概念。

轻应用这个概念最早是由奇虎 360 公司提出，而后百度也进一步推广了这个概念。按照百度的理解，轻应用就是"无须下载、即搜即用的全功能 APP，媲美甚至超越 Native APP 的用户体验,具备 Web APP 可被检索与智能分发特性，将有效解决优质应用和服务与移动用户需求对接的问题"。

与轻应用相比，原生 APP 在下载安装、隐私问题和通知栏骚扰问题上往往会影响用户的体验，而无须下载的轻应用一经提出就受到了广泛关注。百度曾收购的"点心桌面"就集中了上千种的轻应用，与各种浏览器内的轻应用相比，"点心桌面"似乎又离用户近了一点。

从概念上来看，轻应用和 Web APP 还是有一定区别的。但是对于创业者来说，轻应用将有很大的机会翻身，并有望与行业内领先的公司形成竞争。从目前的形势来看，各中小企业如果还在跟原生 APP 市场抗衡，得到的结果必然不尽人意，但是轻应用似乎能打破这种垄断的局面。当然，在一些刚需高频场景，仍会被原生 APP 控制，但是对于其他场景，轻应用完全可以满足用户的很多需求。

例如，三只松鼠整体引入了轻应用框架与微博支付，用户可以从官微博主页直接进入应用，而且在 PC 端和移动端均提供了"松鼠微博购"（见图 1-3）这种轻应用的访问入口，用户可以更加容易找到方位入口。

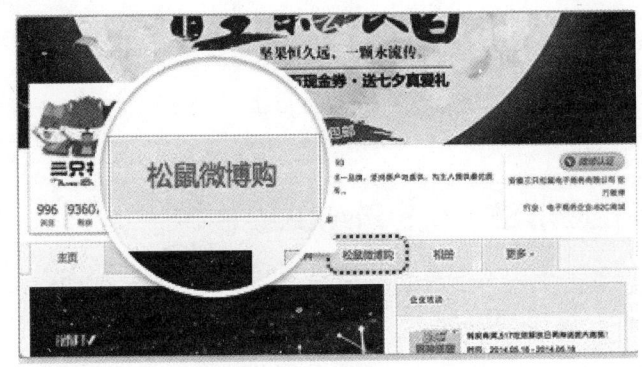

图 1-3 "松鼠微博购"入口页面

图 1-4 三只松鼠
微博购页面

"松鼠微博购"应用内有"立即购买"和"加入购物车"功能，这与电商中的功能一样，用户既可以直接购买，也可以放入购物车中进行结算，如图 1-4 所示。通过"松鼠微博购"这个轻应用，用户可以轻松完成商品购买和支付，从而有效地帮助企业减少开发成本。

从图 1-4 中还可以看出，"松鼠微博购"轻应用还有转发、评论和点赞功能，以增强这款应用的传播效果。

一般来说，轻应用往往会建立在超级 APP 之上，这是因为超级 APP 为此提供了发展的基石。轻应用生态和应用市场有一个非常大的差异点，即入口意义不仅是发行，更多的是要触发用户的活跃度。超级 APP 不仅占据着大多数的用户流量，还提供了较多的调用场景以及底层技术。很多 APP 的使用频度不高，很容易被用户遗忘，若是做成轻应用，只要机会合适，就能够在用户不经意间启动轻应用。

轻应用的发展必须有 APP 作为基石支撑，而超级 APP 也需要借助轻应用进一步完善自身，从而给用户带来更好的体验。一款原生 APP 可能会经历一个历程，从刚开始的小而美，到为了给用户提供更多的服务，便不断地给用户提供各种功能和服务，最终这款 APP 变得庞大，甚至成为一款超级 APP。但是这样一来又会让用户觉得 APP 不再轻巧。

从这个角度来看 UC 浏览器，它也经历了这样一个发展的历程。在刚开始阶段，为了加速运营和省流量，首次把云端架构应用在浏览器上，后来为了有一个更加炫酷的性能，就又在里面加入了一些新功能。同时又需要考虑很多用户的想法，最后的结果就是 UC 浏览器变得越来越臃肿，但是对于用户来说，轻巧仍然是他们的期待。如何能够既简约又能够满足用户的需求，这是很多超级 APP 在考虑的问题。

轻应用就是超级 APP 解决功能臃肿的方案，超级 APP 可以只保留核心功能，把其他的需求挪出去变成扩展的程序，然后让用户在这些扩展的程序中进行挑选。这样一来，APP 就能够做到化繁为简。

基于这些原因，轻应用在互联网中越来越受重视，很多人把轻应用看作打开互联网下半场大门的钥匙。于是，关于轻应用的尝试也越来越多，微信小程序也属于腾讯在轻应用上的一种尝试。在这种背景之下，可以预测到将会有越来越多的中小企业进入小程序开发行列和运营中。未来将会出现更多的轻应用，而这些轻应用能够和超级 APP 一起形成一个全新的互联网生态。

1.1.3　小程序将带来千亿级别的市场空间

微信小程序是超级 APP 微信提供的一个新的创业平台，而且随着微信小程序从克制到开放，不断更新迭代，可以预见，不久之后就会有很多的轻应用通过小程序平台出现在用户手机里。而小程序基于微信所提供的强大支持，势必会带来千亿级别的市场空间。

小程序诞生于微信之中，而服务的对象正是拥有近 9 亿的微信用户，利用好这个平台开拓出千亿级的市场并不是痴人说梦。爱范儿在微信中有一个公众号叫作知晓程序，这是国内第一家微信小程序平台，服务的对象正是小程序的开发者以及企业，提供的服务内容包括小程序咨询、小程序培训、小程序商店和开发者社区等。

知晓程序在 2016 年 11 月上线以来，小程序商店就收录了将近 1 000 款的小程序，浏览量累积有 1 200 万，用户每周的搜索次数高达 20 万次，覆盖人群超过 150 万。爱范儿在初期就能取得这样的成绩，和微信平台拥有庞大的用户群有着密切的关系。

从小程序自身的特点，可以看出微信更致力于把线上与线下融合起来，形成一个封闭的生态，其对线上实体店的影响力产生了影响。小程序能够带来较大影响的场景如图 1-5 所示的三个方面。

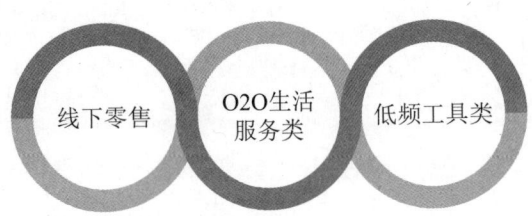

图 1-5　小程序影响最大的三个方面

小程序可以直接通过二维码进入线下商家，用户不需要下载或关注，在得到相关资讯后可以迅速离开。"肯德基＋"（如图 1-6 所示）的点餐系统就是第一批上线的小程序，用户的手机成为一个载体，入口是一个简单的二维码，用户通过微信"扫一扫"进入，不需要排队点餐，就可以完成一次线下消费。

像租房、外卖、打的、公交查询等生活服务类应用，也可以通过微信小程序这个渠道进行发展。例如，用户在公交站牌等车时，只需要扫一扫旁边的二维码就可以知道下一班车什么时候来，非常方便。例如，"车来了"这款精准的实时公交小程序，扫一下公交站牌旁边的小程序二维码，用户就能知道附近有哪些公交车，以及这些公交车什么时候能到达，如图1-7所示。

图1-6　"肯德基+"小程序页面

图1-7　"车来了"精准的实时公交小程序页面

低频工具场景想要用APP来填充，遇到的困境往往比较多，在发展上也比较容易受限制，而小程序可以成为低频工具场景一个新的发展方向。用户在微信内打开这些低频场景的应用成本远比APP小得多，因此在承受能力上更容易接受。

小程序为了形成一个闭环生态，封闭性比较强，在自由度方面甚至不如微信公众号，对于有用户使用习惯和期望独立发展的企业来说，小程序并不一定适合。小程序由于自身方面的限制，对高频APP难以形成太大冲击，如果小程序能够把那些低频长尾APP集中起来，并给予它们一定的发展空间，那么在没有市场巨头的渠道控制的情况下，这些长尾应用完全可以有一个更好的发展。

智能支付和二维码一直以来都是资本家们所看重的对象，在小程序出来之后，这些内容变得更火热。主营二维码业务的浙江新三板公司董事长陈亦刚表示，根据他做二维码的经验，微信小程序能够带来的市场规模不止千亿。面对如此庞大的市场空间，大家应该如何分得属于自己的一份份额，这还需要每个企业各显神通。

马化腾在世界互联网大会上提出腾讯要连接一切，要连接人、服务、商业、物品、数据和人工智能。前三个微信都已经实现，后三个还没真正实现。人和物的连接，例如人和狗，人和猫这些动物，人和家用电器等物品，这就是物联网——互联网的下一个战场，这让人很容易想到的思路是，利用图像识别和 AR 技术，把现实世界的物品一一识别，通过支付宝推出的 AR 红包会发现，计算机还远远不能精准识别物品。在当前技术条件下，实现人与物品连接的折中方案是二维码，这是最有可能实现人与物品连接的技术手段，二维码的背后可以是信息，也可以是服务，微信希望用小程序来承载这些信息和服务。

小程序还适合做垂直社交产品，而且用户的社交关系也已经被微信牢牢握住。每个用户都有垂直社交的需求，比如某人喜欢看书，会和喜欢看书的人进行交流；某人喜欢旅游，会和驴友交流；某人是吴晓波的粉丝，想和吴晓波的粉丝进行交流。这个时候如果有个小程序，用户可以在微信里直接使用，如果结合小程序可以置顶、分享以及深度搜索的特点，这种垂直社交的转化率和活跃度会缩短社群场景的转化路径。

小程序适合做协作场景，例如，一个公司使用了泛微的 OA，但是与外部的沟通还是微信，如果泛微做了一个微信小程序版本的 OA，这个公司协作和沟通全部能在微信里进行，这种场景，不管是信息传输路径还是员工协作路径，都被大大缩短了。

在微信小程序正式上线之初，为什么有些人叫衰微信小程序，这其实是跟微信小程序的生态有非常大的关系，小程序是一个生态，生态里希望连接更多的线下场景，这个生态里会出现的产品分为三个阶段。

第一个阶段：以开发者的摸索和互联网公司的迁移为主，开发者会在小程序平台上做各种小玩意尝鲜，看看能玩出什么花样，互联网公司会把自己已有的业务，将最想推的业务复制到小程序上，如腾讯视频、喜马拉雅等。

第二个阶段：大部门尝鲜者都是互联网公司，线下能力非常薄弱，从成本的角度考虑，会优先寻找线上的场景，互联网创业者的嗅觉非常敏锐，很快找到了用户在微信里未被满足且能用小程序满足的需求，这个时候社群场景和协作场景会在第二个阶段出现，例如小程序群应用、朝夕日历等。

第三个阶段：有了开发者的尝鲜和互联网产品的迁移，小程序已经广为人知，真正的场景和小程序会在这个阶段出现且被推广到普通用户身上。这个阶段的产品强调的是场景化和本地化，线上的流量在这个阶段才能被真正激活。

小程序会对 APP 和传统企业产生冲击吗？答案是显然的，最先被取代的 APP 有汽车、餐饮、房产、家庭服务、人体美容、诊疗、旅游等行业。因为这些行业种类杂而多、低频、线下服务方便。小程序的出现会带动 O2O（Online To Offline），小程序就是这些低频应用的最佳解决方案，对用户而言，小程序可能会直接取代低频服务类 APP。

被取代的还有低频小型工具类 APP，如计算器、天气工具等。还有中频中型功能性的 APP，如饿了么、美团、猫眼等。

1.2 线上线下场景融合大势所趋，小程序顺势而为

目前，BAT 三大巨头分别坐拥搜索、电子商务和社交这三座金矿，并一直把控着各自领地的绝大部分资源和流量，这使很难有人在它们的地盘上分得一杯羹，更别提能有颠覆它们的机会了。此外，虽然 BAT 之间的战争从未停止过，但也从未真正对彼此的核心领域造成威胁。

不过，BAT 这三大巨头只是各自把持着各自领域内的线上流量，但来自实体服务或互联网服务人群的"线下流量"尚未开辟，"线下流量"依旧是一片全新的大陆。这片新大陆不仅给 BAT 创造了颠覆彼此的契机，而且还给其他互联网公司以及创业者创造了生存的空间。

紧抓"线下流量"的同时，必然少不了要打通线上与线下的连接，否则这种改变就变得毫无意义。在这方面，腾讯可以说是占领了先机，推出能促进线下商业场景上移的微信小程序。在微信推出小程序后，张小龙提到了很多小程

序连接线下的内容，可见，小程序与线下服务结合得比较深。对微信而言，能通过小程序向线下延伸，可占据线下流量入口，扩大用户群。"融合"线下可以说是小程序的最大看点，它能为移动互联网开辟新的市场。而且在小程序的推广下，线上线下场景的融合必定是大势所趋。

1.2.1 "大分享时代"即将到来

互联网时代有一个非常大的驱动力，那就是分享。分享促使互联网进入高速发展的时代，也为很多人提供了发展机会。如何能够在这个时代为用户提供更多、更好的服务，才是广大互联网企业最值得思考的问题。

互联网时代的经济是一种分享经济，在日常生活中比较常见的是通过网络平台，分享自己的资源，比如，分享车子的使用权，通过分享来满足其他有需求的用户。在这种分享模式下，逐渐形成了四种用车方式，即出租车、专车、顺风车、P2P 租车。

根据滴滴出行公布的数据，早在 2015—2016 年，使用滴滴顺风车的有 2 亿人次，行驶总里程近 30 亿公里。这自然不是互联网经济终点，即将到来的大分享时代能够带来更多的经济模式。

在 2016 年年底，共享单车形成了一片火爆的局面，各大城市摆满了各种颜色的共享单车，甚至在一些小的县城也能看到它们的身影。这种共享单车是由企业和政府进行合作，在各个公共场合提供的一种单车服务，更是一种共享经济的新形态。

互联网分享时代，往往会给传统企业带来一定的冲击，在 2016 年，马云的电商理念对传统零售业造成了新的冲击，但是传统企业也不可能坐以待毙，有很多传统企业通过不断摸索，最终找到了适合自己的发展道路，国美就是典型的代表。

在刚过去的一年里，国美在技术、金融、科技等方面有了巨大的进展，形成了多个产业链条，这些链条也正在进行着融合。国美把旗下的一些业务进行了全面的整合，包括对国美在线、美信、国美海外购等多个渠道。国美通过对产品技术、客户资源的共享，组建了国美互联网生态科技公司，并且致力于建立一个开放性的、分享性强的互联网生态圈。

在移动端方面，国美互联网对国美在线应用中的购物服务、管家服务、海外购等服务进行了整合，使这些服务或产品加入了社交，并且进行分享。国美推出的应用是具有社交性质、商务性质以及利益分享性质，能够进一步的融入互联网当中。

国美还加速了全球化的进程，启动了欧美市场、东南亚市场的战略布局，在中国台湾、印度、菲律宾、俄罗斯等国家或地区有了分支，并且推出的很多海外场馆，让用户能够足不出户就可以获得全球性的服务。

当然，国美互联网最突出的地方在于对新零售模式的探索，通过向用户提供社交内容、利益分享等内容，支持每一个人在这个平台上进行活动，包括创业或者增收。在即将到来的大分享时代，国美将进一步加大这种新零售战略，得到更多用户的认可。

传统企业只有迅速转型，才能适应时代的发展，融入新时代之中。大分享时代最明显的特征无异于分享的特性，如何利用这一点进行发展是很多传统企业或者互联网公司要好好考虑的地方。

微信作为一个开放的平台，同样具有强烈的分享性，无论是在微信群内还是朋友圈内，巨大的社交关系形成了一个社交圈，任何人都可以在这个圈子内进行资源或信息的分享，因此才促成了之前微商的火爆。

微信小程序为众多中小企业或个人提供一个大的平台，这个平台不仅能够为他们提供一个充满想象力的空间，更能为他们最直接的开发层面的技术。所以，小程序对于很多创业者是一个机会，在未来能够发展成什么样，还要靠个人的发展能力。

1.2.2 移动互联网时代人口红利逐步衰退

易观智库在 2016 年的《中国移动互联网用户分析 2016（简版）》中指出，2015 年中国的移动互联网用户已经达到 7.9 亿，增速与同时期相比有所降低，进入平稳增长的阶段。虽然互联网用户依旧处于增长的水平，但是用户增长率的下降意味着互联网时代的人口红利期已经逐渐衰退，想要单凭用户来赚钱的模式已经行不通了。

过去，一个企业想要做大，可能先需要人口红利，然后找到赚钱的办法，在它所处的行业里，从许多竞争者变成少数竞争者，最后一直做到垄断，如美团的壮大就是通过合并来寻找发展机会。之前，可能一些企业带领着一些人就能够把一款 APP 做得爆红，但是现在由于市场饱和，这一方法很难行得通。这个时候，移动互联网的从业者需要转化思维才能抓住新的机遇。

移动互联网从业者首先要有去中心化思维。之前大家去购物可能需要提前安排好时间，但是现在大家可以随时随地在网上购物，时间也不必是集中性的，利用琐碎的时间就可以完成购物。之前看一些新闻，人们总是喜欢到一些专门的大网站，但是现在可以从微信、微博等各个网站上购物，如前文提到的"松鼠微博购"。

大家使用的移动设备可以跟随着用户到各种场景中，而 PC 端使用场景只能是家与公司，手机则可以一直带在身上，所以，手机端应用场景更广泛。移动互联网从业者要有场景化思维，用场景化思维开发的产品才能够更容易满足用户需求。

碎片化思维也是需要移动互联网从业者掌握的一部分。对于很多人来说，时间具备碎片化的特点，比如，在某个地方等人、在咖啡厅休息，这都会成为用户的上网时间，移动互联网最显著的特征就是把碎片化的场景和时间结合起来。

除此之外，移动互联网从业人员还要拥有专注思维、大数据思维和粉丝思维。对大数据进行合理地规划，可以帮助企业躲避市场风险、降低成本、提高效率。由于粉丝的力量正在逐渐变大，粉丝经济也成为许多互联网企业一个重要的商业模式。

互联网的人口红利逐渐衰退，互联网之前的营销模式从流量和信息方面已经进行了转型，碎片化、注意力、大数据等方面的融合，为服务和营销行业提供了一个新的市场。

在这种情况下，小程序对互联网行业以及各大营销行业造成的影响，主要有四个方面，如图 1-8 所示。

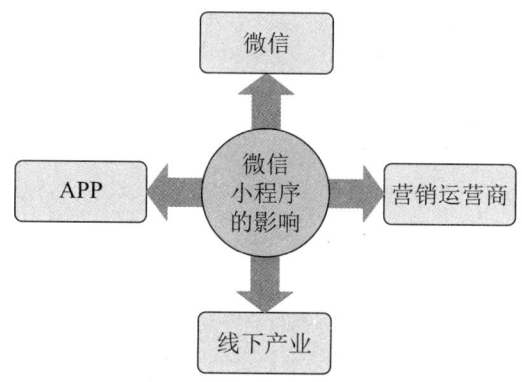

图 1-8　微信小程序对互联网产生影响的方面

对于微信来说，小程序其实是模仿公众号的去中心化方式，而且想要通过小程序来对长尾 APP 流量进行截流，想要抓住线下商家的流量，通过二维码搜索形成一个闭环生态。从这些方面来看，小程序其实是公众号的升级。

对于原生 APP 来说，小程序不可能对高频 APP 造成冲击，因为 APP 有着小程序所不能达到的服务和功能，比如，小程序代码包在 2M 以内，只能开发一些轻巧应用，所以，一些复杂应用用户只能在原生 APP 中才能享受到更好的体验。

小程序能够造成影响的是小众 APP，它迫使中小企业进行转型，降低它们的开发成本。小程序刚上线就已经涉及十几个领域，随着小程序的持续升级，各个行业都有可能接入小程序，不久之后，小程序整合用户量可能会达到千万级的水平。

对于营销运营商来说，小程序将会催生一个新的运营业务，通过小程序和营销运营商的相互作用，能够使许多传统媒介进行一次互动性的营销改造。

线下产业在小程序的影响下能够使场景上移，小程序具有便捷性的特点，可以提高 O2O 类用户的转化率，并且能够渗透到各个领域之中，使传统的中小企业形成线上线下相融合的局面。

随着人口红利期的衰退，过去的营销模式已经不能再给企业带来太多利益，互联网从业人员也需要探索出一种新的方式。微信小程序作为一个新生物，能够为互联网从业人员提供一个新的发展平台，并且在这个平台上给他们留下了很大的发展空间。

1.2.3 借助小程序打通线上与线下的连接

目前，线上流量已经越来越饱和，微信推出小程序可谓是为移动互联网开辟了一个新战场，为创业者带来"千亿"级市场潜力。下面通过几个场景说明如何借助小程序打通线上与线下的连接。

小程序＋旅行：旅游行程、预订酒店、查看地图等各类服务，用户都可以在微信里一键获取；小程序＋公交：扫一扫二维码，用户就可以知道下一趟公交车什么时候到；小程序＋航空：查询航班什么时候到、是否延误、延误多长时间、什么时候该登机；小程序＋驾车：扫一扫就能轻松搞定加油、缴罚款等琐事；小程序＋快递：一键呼唤快递小哥，查看自己的快递到哪儿了；小程序＋娱乐：KTV扫码点歌，嗨完了一键叫个代驾，安全回家；小程序＋健康：帮助用户终结生病排队三小时、看病五分钟的"噩梦"……

对小程序而言，它的最重要价值可能就是完成对线上线下场景的融合，形成聚集流量的平台。用户在线下能直接扫描二维码进入小程序，进而直接使用相关功能，如点餐、叫车、订票、订酒店、线上支付等。图1-9是"饭来了"门店的点餐小程序。

图1-9 "饭来了"自助点餐页面

微信一直鼓励二维码作为小程序的主场景入口，让小程序的入口更多在线下。这表明微信对小程序的推广也更倾向于二维码。小程序通过二维码进行启动和推广，这也有助于线下的消费场景迅速向线上迁移，提高小程序在生活服务方面的使用率。

如果线下实体店铺能普遍拥有一款小程序，并通过小程序进行线上预订、查看销售商品、线上支付、客服等业务，那么，实体店将会成为微信最有力的"地推工具"，即微信能借助小程序的部分"共享"功能，聚集线下流量。未来每家实体店铺都拥有一个小程序，这完全是有可能的，毕竟小程序开发门槛很低，任何一家实体门店都可以低成本拥有自己一款类似于 APP 的小程序。

下面以扫描二维码点餐这样的典型小程序应用为例，说明小程序能够被实体店铺快速推起来的原因。点餐小程序能为实体店铺带来哪些优势呢？其内容如图 1-10 所示。

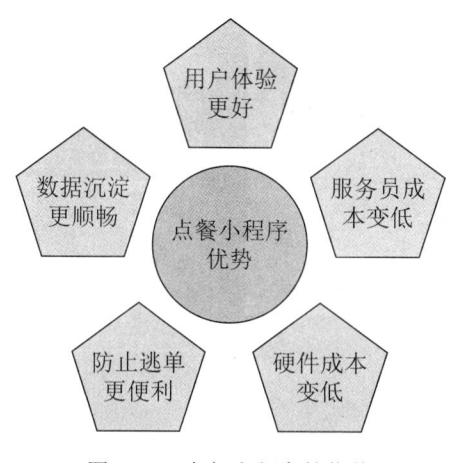

图 1-10　点餐小程序的优势

具体优势如下所述。

（1）用户体验更好。

据统计，用餐高峰期的每个用户平均需要等待 10 分钟，而有了小程序之后，平均用户点两个餐的时间缩短为 29 秒，这样能在很大程度上提升用户的用餐体验。

（2）服务员成本变低。

中小餐饮店一般都会请全职和兼职的服务员，用来应对用餐高峰期，有了小程序之后，每个餐饮店至少可以节省 2 个兼职人员，按 15 元／小时，每天工作 4 小时计算，每年可节省 4 万多元的开支。

（3）硬件成本变低。

在传统的餐饮实体店铺中，需要有一套包括打印机、扫码枪、钱箱等的硬件设施，成本约 8 000 元，而换成小程序之后，最多只需要一个不超过 600 元

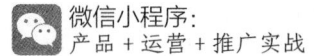
的简易型打印机和 50 元左右的二维码桌贴。

（4）防止逃单更便利。

小程序可采用预付费模式，即用户确定订单之后需要先支付餐费，然后才能下单。由于厨房接到的订单都是已经付过钱的，所以，餐厅根本不用担心逃单、假币等问题。即使遇到退单这种低概率事件，业务流程也只需要商家确认就能把钱退回来。

（5）数据沉淀更顺畅。

用户通过扫描二维码进入小程序之后，其 ID、联系方式、支付记录等信息自然而然就进入了商家的管理系统中。如果餐馆要设置老用户优惠、发微信会员卡、经营分析等事宜，也会变得很顺畅。

微信线下支付的应用场景越来越广泛，据微信统计的数据显示，截至 2016 年 1 月，微信支付绑卡用户数已超过 3 亿人次，微信支付线下门店接入总数近百万家，覆盖 30 多个行业。如果线下实体店铺的业务能更多通过小程序开展，那么，微信支付必将成为主要的受益者。而且微信也能通过小程序掌握用户的线下活动数据，进而掌握用户日常的线上生活和线下活动的完整数据链。

关于微信支付未来的布局，微信支付行业运营总监雷茂锋表示："2017 年微信支付会在零售、餐饮做得更深，此外，对于信息化能力较低的传统行业，高速公路缴费、停车、公交车这些场景也希望尽快地接入微信小程序。同时，三四线城市也会加大投入。现在用户关注商家公众账号获取各类信息，其实是有点重的，小程序会轻便一些，线下结合微信场景，用户体验会更好。"总之，用户通过扫码可以直接进入小程序，让服务实现直接"触达"。

小程序与微信支付的结合必将让线下市场的竞争更加激烈。因为在传统的线上支付模式下，顾客必须通过扫码才能进行线上支付。而在小程序场景下，顾客的小程序可以在店员端的小程序控制下，自动跳转到付款页面，这样会使顾客的支付体验更加优异。

综上所述，小程序不仅能够帮助微信聚集线下流量，而且能帮助线下实体店铺打通线下与线上的连接，让各项服务更便利。

🐧 1.3 利用小程序，让大平台构建"轻"创业生态

整个社会出现一种奇怪的现象，那就是在重平台上做轻创业，正如小程序一样，小程序是一个诞生于超级 APP——微信之上，但是它所提供的平台构建的却是一个轻创业生态，虽然看起来有些矛盾，但这绝对是时代发展的趋势。

很多应用平台可能在刚开始阶段并不沉重，而是在后来的发展中，日益增多的大大小小的应用使这些平台变得越来越臃肿。但是在这些比较重的平台中，有些 APP 却很简单，这种生态型公司这样做的目的可能是构建自己的竞争壁垒。

以苹果这个平台来说，上面活跃的 APP 有上千万，这些 APP 虽然不是由苹果公司直接开发，但它们都为苹果公司服务。苹果公司通过做生态，包容了很多企业的存在，也支撑着这些企业，让它们不会倒下。因此，现在一些大企业追求的都是做一个生态，而只有创业者才会在这片生态中进行轻创业。

小程序是微信为创业者提供的一个平台,它对这些创业者有着严格的要求,那就是做一个轻级的应用。小程序通过轻开发、轻成本，形成一种新的形态，而小程序也将成为腾讯打造闭环生态的一个重要战略。

1.3.1 轻开发、轻成本

互联网时代本来是为了满足人们更多的需求，但是由于产能过剩，人们往往对"轻"比较向往，即使是一些比较"重"的企业或者公司，他们也想要开发出一些"轻"产品。微信小程序正是由腾讯推出的一个平台，来支持更多的人做轻开发、轻成本的产品。

微信小程序简单地说就是一个高级的 H5 页面，或者说是一个轻量级的 APP，独特之处就是在微信内部运行。在小程序页面中，可以把 APP 中能够实现的功能都挪到小程序里，而且还不用下载，用户可以直接在小程序里应用功能或享受服务。

对于没有技术团队的企业或者个人，想要做一款 APP，在开发或成本上

有着巨大的困难，但是小程序的出现可以帮助这些企业或个人解决这些问题，还有第三方平台帮助用户开发小程序，甚至可以一键生成小程序。

还有一些低频和工具类的APP，它们可以直接把APP和微信小程序相连接，把应用上的功能搬到小程序上来，微信用户无须下载也可以使用它们的服务，由此更好地推广本企业的服务，发展潜在用户。

微信小程序的新形态决定了它在开发上会比APP更加简便，无论是对创业者来说还是企业来说，都能够实现快速开发。通常一款APP的开发时间需要3个月，但是小程序仅需2周，在实行内测时期，有的小程序甚至在一天之内就可以开发出来。轻的本质注定它没有复杂的功能，只保留核心服务，成为一款小而美的应用。

如今，APP领域越来越难做，除了因为市场饱和之外，还有其自身原因，那就是开发过程复杂，导致成本过高。做一款APP要同时兼顾安卓和苹果两个版本，相当于开发了两款应用。在开发完成后还要对不同型号和款式的手机进行调试，使其满足所有手机。小程序则完全不用考虑这个问题，只需要做出一款小程序，微信会进行调配使其适合不同的手机型号，在这一点上小程序和APP相比，简单多了。

有人曾做过预算，开发一款非常简单的APP，最保守的成本是80万元，而小程序的花费最多可能只有APP的30%左右，因为小程序除了耗费一定的人工成本，其他的接口、数据等硬件成本均可以忽略不计。

开发完一款APP并不意味着结束，还要进行推广才能到达用户手中。但是随着人口红利期的结束，获得用户的成本越来越高，获取每个用户的成本可能已经达到几十元。之前美团和大众点评为了吸引更多的用户，推广成本达到几个亿元。

然而在推广方面，小程序就容易多了，小程序由于不需要下载和安装，不会占用用户过多的空间，会使用户在心理上更容易接受。只要小程序经过推广被用户熟知，用户觉得小程序对自己有一定的用处，就会欣然使用。

小程序作为一种轻应用是微信构建生态圈的需求，而APP和它相比就要重很多，这个重不仅体现在安卓和苹果系统对小程序的分割，调配不同的机型，造成人力和财力的浪费。还体现在用户在使用时代价较高，比如流量费用、占手机内存等这些特点也导致 APP 在推广过程中困难加大。

在碎片化场景时代，很多 O2O 公司已经黯然倒下，但是这些 O2O 公司并没有彻底消失，而是在微信内发展成轻应用，这也是 O2O 进入 2.0 时代后的一次新兴革命，为更多创业者们提供一个轻量体、低成本的创业大平台。

1.3.2 小程序是腾讯践行开放战略的重要环节

微信小程序作为微信成长新阶段的产物，也是腾讯为建立一个丰富的生态圈所做的努力。继 QQ 之后，微信成为腾讯又一大社交应用，但微信拥有一个更加显著的特征，那就是平台的开放性。微信作为一个开放性的平台，给予许多企业或者个人一个发展的空间,而小程序则是腾讯践行开放战略的重要环节。

微信在之前就已经有了微信订阅号、服务号等微信公众号，这是一个开放的平台，很多个人或企业在这里得到蓬勃生长，也因此养活了一批自媒体人。而对于用户来说，这些公众号一方面可以满足自己的服务需求；另一方面可以为自己提供更多的资讯，也进一步丰富了用户的体验。

虽然微信公众号作为一个开放的平台，已经达到某些目的，但是在为用户服务这个核心目的上，有了一些偏差，因此微信想要开发出这样一个开放平台：更纯粹为用户服务,并且不会打扰到用户。微信小程序正是带着这个目的而生的。

微信从最开始的社交，到如今用户可以在上面进行购物、打车等行为，成为一个功能齐全的平台，源于微信平台的开放性和包容性。微信小程序的诞生，又给予了更多人想象的空间，让他们能够在此做出更大的动作。

微信有一个非常值得称赞的地方，就是站在用户的角度进行思考。很多企业都羡慕用户在微信内使用的时间长，微信考虑的则是如何减少用户的停留时间。很多企业想要自己的 APP 成为一个用户重度依赖的应用，但是微信却想要给用户提供一个轻量级的、用完即走的应用，小程序的诞生也是基于这个缘故。用户对一些高频刚需越来越依赖，但物极必反，越来越多的功能反而会成为用户的负担。

　　小程序在微信的基础上，能够给外界展现出一个更加开放的姿态，甚至可以说小程序就是专门为外界打造的一个入口，通过这个入口，一切生活化场景都可以在这个入口中和用户实现直接连接。无论是创业者还是企业，他们可以在这个平台中实现自己的转变，可以是一次创业的机会，也可以是一种新形态的尝试，通过这个开放的平台，他们在此建立一个个功能来服务于用户。

　　腾讯开放战略有一个重要的特点：那就是连接性，不仅连接人与人、人与内容，还要连接其他的东西，而这也正是小程序想要完成的目标。在人与人的连接上，腾讯已经没有竞争对手，因此目前的重点是横向发展，与服务相连接。例如，用户在微信"钱包"里，可以找到很多生活化场景的应用，如滴滴可以连接交通，大众点评可以把用户和餐厅相连接，京东可以和购物相连接，微信开放的策略为连接一切提供了可能性。

　　在微信小程序上线之后，滴滴推出了"滴滴出行 DiDi""滴滴公交查询"等小程序，如图 1-11 所示；大众点评推出了"大众点评＋""大众点评点餐"等小程序，如图 1-12 所示；京东推出了"京东购物""值得买京东优选"等小程序，如图 1-13 所示。

图 1-11　"滴滴出行 DiDi"和"滴滴公交查询"页面

图 1-12 "大众点评＋"和"大众点评点餐"页面

图 1-13 "京东购物"和"值得买京东优选"页面

既然是连接一切，几十个应用只能满足个别人生活化的场景相连接，并不能实现所有的覆盖连接，微信小程序正是为了满足这一愿望，通过扫一扫和搜一搜，用户就可以和线下商家进行联系，无论何时何地，都能实现连接。

比如，一家餐厅之前需要客人在菜单上选择服务，但是现在一款小程序就可以把用户和餐厅直接连接起来。客户只要扫一扫线下的二维码就可以直接领取优惠券、预约订位、点菜、买单等行为，这对于用户和餐厅来说都非常方便。

一款小程序看似非常简单，但是却能把用户和线下一切连接起来，包括更多的轻应用场景，并且鼓励更多的创业人群，用更低的成本去构建他们的服务通道。用户可以在微信入口享受形形色色的服务，而且门槛极低，可以说小程序使微信成为互联网时代的入口。

1.3.3　轻量工具类APP有望被小程序彻底取代

随着智能手机的普及，APP 的发展已经步入相对成熟的阶段，很多人的手机中安装了各个方面的 APP，这导致手机负担过重。用户在满足自己需求的同时，也希望给自己的手机减负。所以，小程序的出现会对原生 APP 造成很大的冲击，对轻量工具类 APP 的影响最大，它们很有可能会被小程序彻底取代。

不可否认，这些小工具给用户的生活提供了许多便利，对于一些人来说甚至是不能缺少的。天气查询可以使用户不用等天气预报，就可以了解到未来几天的天气状况，从而合理安排自己的出行；计算器可以使复杂计算不再手动计算或者用计算器计算，就可以快速算出结果；便签可以使用户记载想要完成的事情，并设置好提醒；时钟不仅为用户提供时间提示，还可以设置闹钟。这些小工具一旦使用，可以说就不能再缺少，因为它已经渗透到人们日常生活中，人们也养成了使用这些小工具的习惯。

轻量工具类 APP 有一个非常显著的特点，就是功能的单一性，而这种特性每一款工具类 APP 只有一种功能，用户想要体验到多种功能，只能去下载更多的 APP 应用。这样一来用户手机上可能会有闹钟、日历、便签、计算器、天气查询、测量尺等几十种工具类 APP。这不仅占用用户的空间，还会影响用户的体验。

微信小程序作为一款轻量级的应用，最适合的场景无非就是非刚需、低频类应用。对于用户并不会经常使用，但是又必不可少的工具类APP来说，小程序正好弥补了它们的缺点，既不会占用用户的内存，还可以支持用户体验各种功能服务。

目前，工具类的APP数量早已在百万以上，但是用户手机里的数量并没有那么多，用户会优先安装那些刚需、高频的应用。对于一款工具性应用来说，无论再怎么发展补充，它的工具性不可能有本质的改变，所以发展空间不是很大。因此，工具类APP在应用市场中并不是很有竞争力。

根据以上两个方面的分析，可以看出微信小程序完全可以代替那些轻量级工具类APP，每一款微信小程序最大也不超过2MB，用户在微信里用时使用20款小程序，也不过40MB，这还没有一款APP所占的内存大。而且小程序在本地预先加载了缓存，所以它支持离线使用部分功能，即使在没有网络的情况下，依然可以实现小程序的某些功能。

在微信小程序种类中，工具类已经占据了很大一部分，很多都是平时不会经常用到，但又不舍得删除的APP以小程序的形式出现在用户面前。比如，滴滴公交查询、车来了、天气e、人人词典、小睡眠等，这些比较鸡肋的应用出现在小程序中，刚好解决了用户的需求。例如，小程序小睡眠给用户提供了林中鸟语、风吹麦浪等比较轻松的背景音乐，来帮助用户入眠，而且它在设计上比较简单优雅，非常受用户欢迎，其页面如图1-14所示。

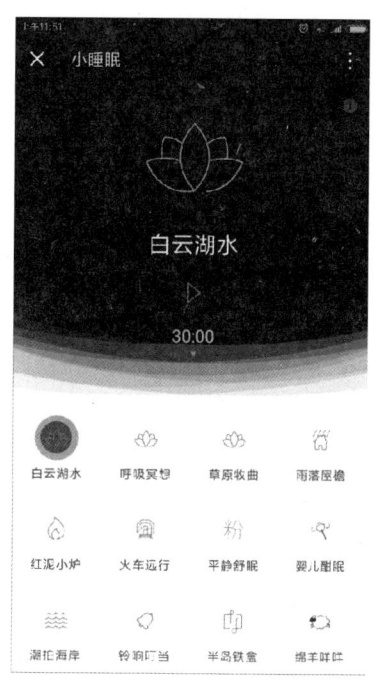

图1-14　微信小程序"小睡眠"

有的用户可能会经常使用某些工具类的应用，比如，天气查询，可能有些人每天都要看一下天气预报，像这种经常使用的工具如果再进入微信中去使用，难免会让用户觉得很不方便。不过，微信小程序不是只能进入微信内部才能使用，它有一项功能是"添加到桌面"，只要用户选择这个功能，就可以把相应的小程序添加到桌面上，在使用的时候就更方便了。当然，即使是放在桌面上的小程序，也不需要下载安装，而且，每次还是从微信内部打开，用户不用担心占用多余的空间。

从整体上来看，小程序对 APP 影响最大的就是轻量工具类，甚至可以预测在不久的将来，小程序很可能会完全取代工具类 APP。不仅如此，微信公众号等形式的小工具完全有可能以小程序的形态实现自身转变。

1.4 小程序给传统企业带来新契机

微信小程序是为了连接线上线下的服务，这无疑会给传统企业带来影响。比如，一家生产家具的传统企业，就可以做一款小程序放在零售品上，用户通过扫描，可以看到这个企业其他的产品，同时用户还可以关注这个企业，及时进行反馈。这样一来，传统企业就能够把线上和线下融合起来，从而为传统企业带来新的发展契机。

微信小程序通过扫一扫可以连接更多的线下场景，从长期来看，这是大势所趋。为了能够抓住小程序这个契机，传统企业也需要做出一些改变来迎接小程序。

首先，传统企业应该找好定位，无论是一款 APP 还是小程序，都应该找好定位，一个企业的定位可以从用户需求出发，结合时代和产品特点，开发小程序。比如，一家餐厅可以开发出一款用户提前进行预约、点餐等服务的小程序，这些是比较简单的功能，在小程序里完全可以实现。

其次，还要利用好粉丝力量，很多传统企业其实在微信公众号里已经有了自己的公众号，那么这个企业就可以把原来公众号上的粉丝转移到微信小程序上来，这样会省去很多推广的时间，获得较多的精准用户。

最后，企业还要清楚自己是否适合开发小程序，小程序是一款轻量级的应用，适合那些低频、非刚需场景，对于那些功能复杂的场景还是 APP 更合适。

如淘宝、天猫这类 APP 拥有着复杂而庞大的功能和服务，并不适合开发小程序。

一些传统企业如果已经具备 APP 的服务形式，那么也可以考虑用小程序与 APP 并行。APP 实现一些复杂的功能，小程序实现一些简单的功能，甚至可以把小程序获得的用户群导流到 APP 中，促进 APP 的发展。

1.4.1　金融理财类：中国银行靠"结汇购汇+牌价"赶时髦

银行作为传统行业的代表之一，在互联网时代已经受到了很大的影响，如果这个行业继续保持传统的姿态，势必会跟不上时代的脚步。中国银行作为金融理财的传统资深金融机构，在人们心中的信誉度还是极高的，而且在金融理财方面也有着莫大的优势，其得天独厚的条件使它最大的竞争对手是横向的，而不是竖向的。但是由于移动互联网的发展，马云带起了电商之路，也改变了人们的金融消费模式，支付宝更是对传统的金融理财行业形成了很大冲击，随后大量的理财类 APP 兴起，使传统金融理财类企业只有进行改变，才不会被淘汰。

在各种 APP 兴起之时，各大银行相继开发出自己的 APP，在这些 APP 当中，用户可以直接登录并对自己的银行卡进行管理。此时，中国银行也积极做出了改变，推出了各种移动端 APP。例如，中国银行 APP，用户在手机上登录这款 APP，可以实现个人金融管理、银行卡管理、电子银行管理等服务。当然，银行的这种做法并没有对实体银行造成冲击，反而是协助银行更好地发展。这些金融理财类的传统金融机构在尝到甜头之后，想必会加快发展脚步。

在微信小程序推出之后，中国银行紧跟潮流，积极开发出各类小程序。在小程序上线的一个月内，中国银行便先后推出了结汇购汇和牌价两款小程序，这种快动作让中国银行赶了一回时髦。

前面已经介绍过，小程序更适合轻量级工具类的应用，而结汇购汇和牌价这两款小程序正体现了这一点。银行涉及的金融服务其实有很多，结汇购汇（如图 1-15 所示）和牌价（如图 1-16 所示）就是其中的两个方面，并且是一些硬性的服务，用户可以在这两款应用中进行简单的功能查询和计算。

图 1-15　结汇购汇页面

结汇购汇小程序给用户提供了牌价查询和汇率计算两大功能，在每个功能下又包括很多细化的功能。牌价查询给用户提供了美、澳、加、英等 24 个国家币种的现钞买入、现汇买入、现钞卖出、现汇卖出价格展示等功能，通过下拉页面还可以更新到最新的牌价。汇率计算器则是为用户提供买卖外币的换算结果，同时提供现钞和现汇选项，用户可以清楚地区分。

图 1-16　牌价页面

小程序牌价的主要功能是对贵金属和外汇货币关于牌价方面的信息查询，通过牌价查询，用户可以随时掌握有关贵金属和外汇货币的卖出价、买入价以及涨跌幅动态，轻松了解贵金属和外汇货币的各种情况。

传统金融行业通过微信小程序将自身的功能进行分化，进而为用户提供更多的服务。无论是 APP 还是与之相关的各种小程序，这都是金融机构在互联网时代做出的改变。归根结底，银行改变的根本目的还是为了紧跟时代的脚步，更好地满足用户需求。

1.4.2　交通类："天津航空小助手"让旅行"触手可及"

交通工具随着时代的发展不断变化更新，航空逐渐成为一种受欢迎的出行方式，但是对于用户来说，购票并不是那么方便。在微信小程序推出之后，天津航空推出的天津港空小助手拉近了与用户之间的距离，让用户的旅行变得触手可及。

携程、去哪儿途牛等购票 APP 对于用户来说是比较纠结的：一方面用户有这个需求；但另一方面它被下载安装到用户手机里后，用户使用的时间并不会多。对于用户出现的这种情况，最好是这些传统企业做出改变。比如，天津航空为了满足用户日益增长的需求，在微信上有了自己的公众号，还有了专门查询相关内容的小程序，这样一来就可以帮助用户避免以上问题的出现。

天津航空根据新的技术和新形态，开发出天津航空小助手这款微信小程序在 2017 年 1 月 23 日提交到微信审核，在 2 月 4 日就正式上线了，而且也已经为许多旅客提供了服务。

用户可以在天津航空小助手内进行相关的业务办理，比如，办理网上值机（网上办理乘机手续），或者是查询航班动态，其页面如图 1-17 所示。有了这款小程序用户可以随时随地了解航空资讯，天津航空也能由此进一步满足用户的需求。

图 1-17　天津航空小助手页面

这款小程序的使用方法非常简单，直接在微信内部搜索天津航空就可以找到这款小程序，如果用户关注了天津航空的公众号，也可以在公众号里直接点击"天津航空小助手"，就能立即跳转到小程序中，对于用户来说，不需要再下载安装一款 APP，非常方便。

其实，在这种微信小程序出现之前，就已经有了各种公交查询的应用，例如，通过下载安装一款应用，用户可以在上面查找到自己所要乘坐的公交车还有几站地，大约多长时间后会到来，这些应用的出现就是用户对新时代交通行业提出的新要求。

1.4.3　物流类："中通助手"查件寄件只需一步

电商的发展带起了相关的行业，物流就是其中重要一环，是沟通买家和卖家之间必不可少的一个环节。从外资快递企业联邦，到国有快递企业邮政，再到民营快递企业顺丰、申通、中通等。对于电商两端的买卖双方来说，快递送达的时间至关重要。

淘宝、天猫等电商平台可以为用户提供一个实时的物流查询系统，用户可以了解到自己的快递状态，大概有多长时间可以送到。但是物流信息显然并不是这些电商平台的重点，因此总会出现一些物流信息更新不及时的问题，这对于用户来说，无疑是一个痛点。

抓住用户的这个痛点后，徐少春推出了快递100的服务，这个服务可以帮助用户及时查找到自己的物流信息。快递100查询的入口也比较方便，除了官网之外，还可以在各大开放平台进行查询，比如，百度应用、360桌面，甚至在微信公众号里也可以在关注后直接查询，而查询的对象囊括了顺丰、申通、中通、韵达等国内常用的快递和物流公司，用户再也不用担心快递查找不到的事情发生。

基于用户想要实时了解物流信息的需求，中通开发出了中通助手微信小程序，用户通过中通助手，不仅可以对物流信息进行查询，还可以实现在线预约寄件，用户完成在线预约后，就可以不出门实现快递的办理，后者是快递100所不具备的功能，也是中通助手的核心功能之一。

图1-18是中通助手小程序的主界面，界面十分简洁，主要有四个方面的服务，分别是我要寄件、运费时效、我的订单、地址管理，用户进入小程序后，输入运单号就可以直接查询物流信息，还可以寄件。

中通助手无疑是传统行业的一次新变革，之前用户可以在家收快递，而现在用户也可以在家寄快递，甚至可以预测。在不久的将来，将不会有专门的实体店进行快递服务，用户不需要出门，就能够享受到各种服务。

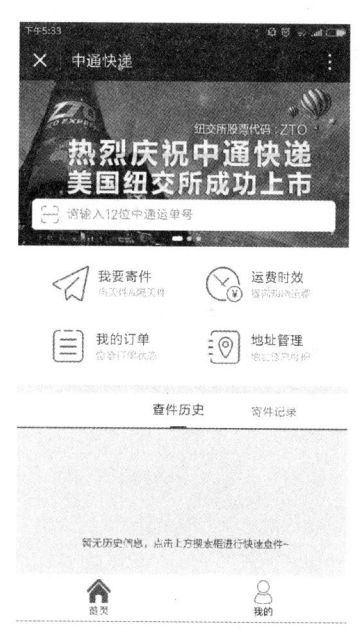

图1-18　中通助手小程序的主界面

1.4.4　教育类：网易"有道词典"打造工作旅游必备神器

教育行业一直都是比较受重视的行业，在移动互联网的影响下，诞生了很多优秀的 APP，比如，有道词典、网易公开课、沪江网校、英语流利说、优米课堂等，这些 APP 能够给用户提供各类学习、考试、工作辅助等服务，让用户足不出户，不拿书本，也能够轻松满足学习、考试、工作等需求。但是，教育类应用的使用频率往往不高，用户可能会相隔比较长的时间才会再次使用，还有就是有些教育类 APP，可能在刚开始的一段时间使用得比较频繁，但一段时间之后，使用频率会急速下降。

例如，关于英语四六级考试类应用，大学生使用这类应用只是一个阶段性的选择，大多数用户持续性的需求可能只有 1 个月，很多人只是在冲刺考试的那段时间频繁使用这类应用，可能考试之后就很少会用。这类小程序"无须下载"，不会占用手机过多空间的优势很适合教育类应用。

如今，关于教育类的小程序有很多，主要分为词典·翻译类、语言学习·单词类、在线学习、儿童教育、育儿社区、学习社区、工具类等。其中，首发小程序主要以词典·翻译类和语言学习·单词类应用为主。下面简单列举一下做得比较好的教育类小程序，如表 1-1 所示。

表 1-1　教育类小程序

类　　型	举　　例
词典·翻译	有道词典、扇贝小字典、小 D 词典、翻译 e、英语翻译查词
语言学习·单词	天天练口语、词汇量测试、乐词斩、一天一首诗、西窗诗词
在线学习	蝌蚪课＋、有可能微课、爱弹唱
儿童教育	呤呤英语机器人、吖吖识字
育儿社区	感恩笔记本、有钱兔择校、高校图书馆查询、世界大学排行榜、We 重邮
学习社区	分答快问
工具类	小小包麻麻好物、宝宝微空间、妈妈网孕育

下面以"有道词典"APP 和"有道词典"小程序为例，具体分析一下教育类 APP 与小程序 APP 的相同点和不同点。

有道词典 APP 是网易旗下网易有道公司出品的互联网时代词典软件，支持英语、日语、韩语、法语、德语、西班牙语、葡萄牙语、俄语、藏语等语种翻译，而且是一款免费全能翻译软件，截至 2016 年，用户已经突破 6 亿大关，其界面如图 1-19 所示。

图 1-19　有道词典 APP 页面

有道词典 APP 支持以下多种功能。

（1）海量词汇：内置超过 65 万条英汉词汇，超过 59 万条汉英词汇，2 300 万海量例句。

（2）权威背书：完整收录《朗文当代高级英语辞典》《柯林斯 COBUILD 高级英汉双解词典》以及《21 世纪大英汉词典》。

（3）网络释义：独创"网络释义"功能，轻松囊括互联网上的时尚流行热词，永不过时。

（4）中英百科：聚合维基百科、百度百科内容，囊括 2 000 万百科词条。

（5）拍照翻译：支持多种输入方式，独创"摄像头查词"功能，无须输入也能查单词。

（6）离线翻译：海量离线词库，没有网络身在国外也能快捷查词。

此外，有道词典 APP 还覆盖了学习、翻译和考试三大场景。

（1）学习。随时随地展示权威词典注释，助力语言学习。同时提供商务英语、四六级、考研、GRE、托福、雅思、初中、高中等多种学习类型。

（2）翻译。在线翻译及拍照翻译能够快速准确地为用户解决工作中遇到的英语难题，邮件文档中遇到外语词汇看不懂？使用拍照翻译功能，轻松搞定。

（3）考试。新版本增加了四六级、考研、托福、雅思、GRE英语学习词典，帮助考试人群快速提升词汇量。

相比有道词典APP，网易"有道词典"小程序虽然也支持中、英、日、韩、法、德、葡、俄等多语种翻译，但功能要简单很多，从其页面就能看出，如图1-20所示。

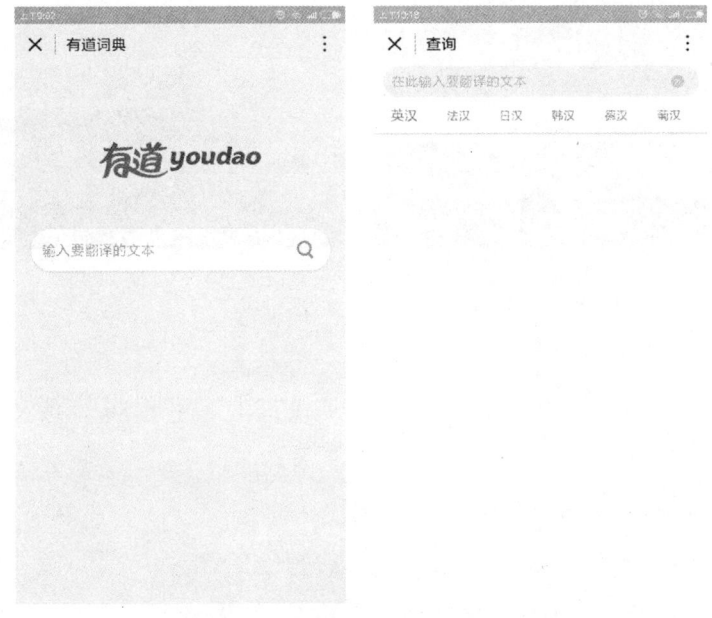

图1-20　网易"有道词典"小程序页面

有道词典APP与网易"有道词典"小程序除了在页面设计上有区别，在功能上有以下区别。

（1）输入方式。

网易"有道词典"小程序仅支持手动输入，而有道词典APP还支持语音、拍照等输入方式。

（2）查词 / 翻译功能。

无论是网易"有道词典"小程序还是有道词典 APP，两者均支持中、英、日、韩、法、德、葡、俄等多语种翻译，但是网易"有道词典"小程序省去了单词本和笔记功能。

在网易"有道词典"小程序中只保留了最核心的查词、翻译等功能，像有道词典 APP 中的精品课、发现等模块都进行了舍弃。可见，网易"有道词典"小程序是一款精简版的 APP。

网易"有道词典"小程序虽然做了一些舍弃，但其"瘦身"工作基本上不影响用户的核心诉求，使用还是非常广泛的，用户可以方便地查询中、英、日、韩、法、德、葡、俄翻译，而且使用不占内存，用户可"即用即走"，是很多用户外出的必备工具。

对于传统的教育领域来说，传统形式的教育类 APP 在形式上还是比较重的，而微信小程序则属于一款轻便的应用，可以做出一些精简版的教育类 APP，这类应用依旧可以满足很多用户的需求。所以，小程序非常适合作为教育类服务的入口，加上微信内部的社交优势，可以建立起一个学习圈，从而把传统的学习方式变为新型的移动端的学习形态。

第2章

小程序上线后，功能升级、潜力巨大

2.1 小程序开放五大新功能

　　微信小程序上线以来，逐渐开放了分享、模块消息、客服消息、扫一扫、带参数二维码等五大新功能，优化了一百多个功能点。这些新功能的开放，不仅给用户提供了更多的服务，也为小程序开发者提供了更大的想象空间。

　　分享功能可以看成是小程序对分发形式的一种探索，模块消息在一定程度上也体现了服务号的定位，客服消息使小程序有了更多的生命力，扫一扫增强了小程序的连接性，带参数二维码可以打开小程序的不同页面。

2.1.1 分享：让分享变得更轻量和便捷

　　为了让微信小程序更好地达到不打扰用户的目的，微信给予微信小程序更多的限制，比如，在朋友圈不允许分享小程序、代码包不超过 2M 等。但是小程序有着独特的分享方式，用户可以把小程序分享给好友或者是微信群，这样的分享方式更加轻量和便捷。

　　小程序的开放功能在一定程度上能够促进小程序的传播，但是不能在朋友圈这个大流量口分享，说明这仍然是一种比较谨慎的分享功能，对于开发者来说可能推广的优势没那么强，但是对于用户来说能够减少很多被打扰的可能性。

　　小程序的分享对象只能是微信好友，或者是群聊组，分享的内容可以是小程序内部任意一个页面。这种页面功能可以使内容更迅速地分享，也体现了微信的熟人社交特点。如果用户在某个电商类的小程序中看上了某个商品，就可以把其中的商品详情页分享给好友，好友接收到的也只是商品详情页的内容。而淘宝商品的分享则是通过链接，好友在收到链接后还需要打开，在这方面，小程序比淘宝链接更加方便。

　　在苹果系统的微信最新版本中，还支持把小程序显示在聊天顶部，这样用户就可以随时进入小程序，对小程序进行更多的操作。

　　用户不仅可以分享小程序的页面，还可以向好友或者微信群直接分享推荐整个小程序。用户在打开想要分享的小程序之后，单击右上角的"…"符号，然后选择最上方的小程序名。如图2-1所示，打开猫眼电影小程序，在选择"…"按钮后，会出现选项，选择其中的猫眼电影，就会跳转到另外一个页面中，然后选择"分享"，就会出现微信所有好友和微信群，直接单击好友或微信群，就可以进行分享了。

　　值得一提的是，在这个分享中，可以实现单次多人的分享，只要在选择微信联系人进行分享的时候，单击右上角的"多选"按钮，就可以向多个好友发送，这样一来，一次操作就可以完成多人分享的效果。如果好友之前没有使用过微信小程序，那么发送的这个微信小程序就可以直接打开成为小程序的入口。

图2-1　对小程序猫眼电影进行
分享的界面

2.1.2 模板消息：提升接受服务用户的黏性

每次办理火车票订票、退票业务时，火车订票系统都会给用户的手机上发送一条模板信息，提醒用户办理的各项业务，如图 2-2 所示。

与列车订票系统相似，小程序也可以发送模板消息。微信小程序用户在接受过一次服务之后，七天内就可以接收到来自商家的一条模板消息，这个模板消息加大了用户与商家之间的联系，提升了接受服务用户的黏性。

而且只有在用户接受过服务之后，商家才可以向用户发送模板消息，而且在七天之内只可以发送一条。模块消息有一个明显的特征，就是小程序商家不能发送主观内容，只能在一个固定的框架中填入合适的内容，相当于做选择题一样。之所以如此安排模板的运用方式，是为了减少商家对用户发送广告的概率，防止用户被广告骚扰。

模板消息里的内容都是关于服务的具体内容，用户在一个商家的小程序里预定了某项服务，商家就可以通过模板消息把相关信息提供给用户，比如，预定成功、购买成功等消息，让用户能够有一个更清楚的了解。或者用户在微信小程序里成功预订了一个酒店，在付完钱后用户就会收到该酒店的模块消息，具体内容有预定时间、订单号、酒店名称、地点、房间号等信息。

小程序向用户发送模板消息并不是任何时候都可以，必须要在"支付"和"填写表单"这两种情况下。如果用户接受的服务不是下单或者填表单，那么小程序仍然不能向用户发送模板消息，从这一点上还是能够看出微信团队对小程序的限制。

虽然小程序的理想是实现用户服务即走，不会给用户带来任何的骚扰，但是如果微信小程序只向用户提供服务，而不发送一些模板消

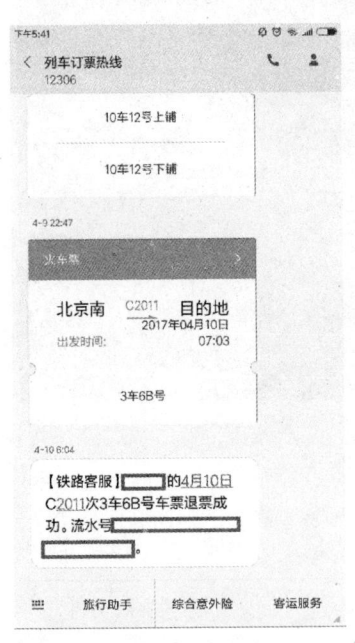

图 2-2 订票系统模板信息示例

息，那么有一些服务就无法更好地满足用户的需求，因此微信小程序才允许商家在合适的情况下向用户发送消息。从发送消息的条数、时间的限制以及特定场景的限制都可以看出，开放这一功能的根本目的还是为用户提供更好的体验。

其实，在早期的服务号中就有过模板消息的功能，那个时期的功能应该是处于测试时期。小程序在上线以后，与服务号一起就能够成为真正意义上的 Web APP，因为具备了服务主体和内容，以及推送消息的功能，才有资格和原生 APP 相提并论。

2.1.3　客服消息：用户可在小程序内联系客服

对于一些特殊的小程序来说，要想满足用户的需求，就需要和用户沟通，比如，电商类小程序，用户会有一些疑问需要客服帮助解答，这个时候客服消息的开放就很有必要了。

小程序开放了客服消息，在小程序内部，用户可以直接联系客服，这有利于进一步满足用户需求，尤其是对于电商类小程序来说。在淘宝、天猫等电商平台，客服消息是非常重要的一项内容，用户和商家在交流之后，用户才能够对某些信息了解得更清楚，经过沟通，才会使两方都获得一个满意的答复，对于一些特殊的小程序，这项功能是必不可少的。

小程序的客服消息功能既支持文字也支持图片，这是根据用户对小程序的需求决定的。以电商类的小程序为例，用户在看上一件商品后，可以把图片直接发给客服，或者把一些不明白的点进行截图发送给客服，客服在看到图片后有一个更为直观的了解，从而为用户解决问题。

与微信公众号一样，微信小程序的客服消息功能也会有时间的限制，用户在向用户发送消息之后，商户必须在 48 小时之内向用户回复，否则就不能再联系上用户。时间的限制是为了减少用户等待的时间，帮助用户尽快解决问题，让商家对用户重视。

从另一方面来说，限制时间的要求能够使用户得到一个更好的体验，商家对用户疑问的快速解答，给用户提供优质的服务，能够吸引用户的关注以及继

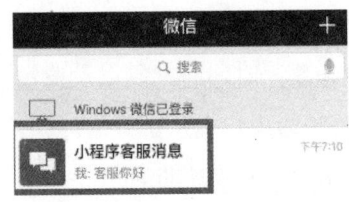

图2-3 小程序客服消息界面

续使用这款小程序。从这个角度可以看出，小程序给予了商家更大的发展空间，即使是零基础，也能够凭借着优质的服务吸引到更多的用户。

用户有两个入口可以发起关于客服消息的对话。第一种方式是在小程序内，由于开发者在小程序内设置客服消息的按钮，用户可以直接在小程序内找到联系客服的会话页面，给客服发送消息，这一点和淘宝中联系卖家的方式相似。

用户在使用过小程序客服消息后，微信会话中会出现"小程序客服消息"这一项内容，如图2-3所示。这里面会有用户关于客服的会话，用户可以在"小程序客服消息"查看历史消息，并且能够直接发送消息，这是用户发起客服消息对话的第二种方式。

小程序可以通过后台的"消息推送"直接向用户发送的问题进行回复，若是小程序没有启用消息推送功能，用户发送的消息就会被转发到客服工具中，小程序管理员在后台完成绑定工作后，就可以使用网页版客服工具。

微信订阅号同样拥有后台回复功能，但是小程序与之不同的是，如果用户不主动联系商家，那么小程序商家就无法联系用户，这样就避免了用户遭受到不必要的骚扰。

2.1.4 扫一扫：用户可在小程序中使用扫一扫

微信成为一个受人欢迎的社交应用和它的扫一扫功能有着直接的关系。在微信里，用户通过扫一扫就可以知道商品的详细信息，能够实现转付款，还能够加好友等，扫一扫功能的出现减少了许多不必要的过程，人们的生活方式也被改变。

扫一扫功能一直以来都是微信的一大特色，在微信小程序这个平台上，扫一扫仍然扮演着重要的角色。小程序并没有统一的入口，除非用户主动寻找，否则小程序的入口将不会出现在用户手机里，扫一扫是找到小程序入口的重要途径之一。

通常的进入方式有两种：一种是扫一扫；另一种是搜一搜。而扫一扫对于用户来说应该是最简单的一种方式，只需要对小程序的二维码进行扫描，就可以在微信中扫描出小程序，然后单击小程序就可以直接使用，不需要其他的操作。

小程序中的扫一扫功能和以前还不太一样，小程序的扫一扫对线下入口开放，把"微信是一种生活方式"真正带入现实世界中，现实世界和线上世界通过一个小小的二维码联系在一起。

例如，人们在饭店用餐时，扫描商家二维码就可以实现订位、点餐、付款等功能；人们在公交站等车时，扫描站牌的二维码就可以实现查询功能。小程序一旦深入人们生活中，就会不自觉地实现线上线下的连接功能。

通过扫一扫用户可以直接打开使用一款小程序，不用像APP那样先下载安装才可使用，这对于用户来说，的确非常便利。现在很火的共享单车正是一个典型的例子，在小程序出现之前，人们想要使用共享单车，需要下载APP，然后支付押金，再通过扫描二维码才能使用。

小程序里有了共享单车的小程序之后，用户可以直接通过微信内部打开这款小程序，然后扫描二维码、缴纳押金，就可以直接使用共享单车。图2-4是"摩拜单车"和"拜客单车"小程序的页面。

这类图2-4这样的小程序让用户直接省去了下载APP这个步骤。对用户来说，不仅节省了流量，也节省了很多时间，小程序在这方面比APP要有优势，在现实生活中，人们对小程序的依赖也可见一斑。

微信支付运营总监雷茂锋在接受采访时表示："明年微信支付会在零售、餐饮做得更深入，此外，对于信息化能力较低的传统行业，如高速公路缴费、停车、公交车这些环节也是希望尽快地基于微信的能力去接入。同时，三四线城市也会加大投入。现在用户关注商家公众号获取各类信息，其实是有点重的，小程序会轻便一些，线下结合微信场景，用户体验会更好。"

图 2-4 "摩拜单车"和"拜客单车"小程序页面

这样一来就体现了小程序的重要职责，既要做好线上、线下的连接工作，让传统企业融入线上类，又要成为一款非常轻便的应用，让用户得到更好的体验，二维码正是解决这两个方面的重要功能。

2.1.5 带参数二维码：扫码可打开小程序的不同页面

小程序开放的扫一扫功能，应该和第五个功能"带参数二维码"结合起来运用，用户通过扫一扫二维码就可以打开小程序，而带参数二维码在通过扫描之后，就可以打开小程序的不同页面。这样用户可以根据自己的不同需求来进行扫描，而不用观看整个小程序，这给用户减掉了中间的一些步骤。

带参数二维码意味着小程序的入口并不一定都是在首页，有些二维码虽然打开的都是同一款小程序，但是很有可能是不同的页面，这些页面突出的是不同功能。

比如，一个食品商品的外包装上打印了关于这个商品的二维码，用户在享用过这个食品之后还想买，就可以直接扫描这个二维码，进入的页面就是关于这个商品的信息，而不是整个店铺的信息，用户直接下单就可以完成购买。

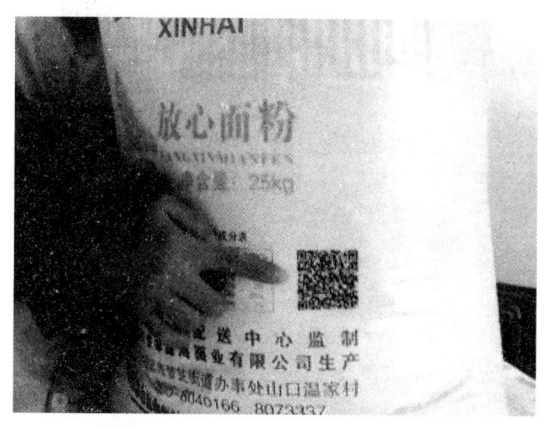

图 2-5　面粉包装上二维码

带参数二维码把具体的内容进行细化，使其可以适应各种场景。在进行地推的时候，通过扫描二维码，可以考核地推人员，评估出渠道的效果，还可以统计出广告投放的效果。带参数二维码还可以精确地知道用户都是来自哪里，这对于门店的运营很有帮助。

如果在餐桌上贴上带参数小程序，可以使商家准确地知道来自哪一号桌的点餐情况，用户进行自助点餐可以给商家节省人力。通过扫描商品上的二维码，可以直接到达该商品的页面，也是带参数小程序比较常见的场景。

对于用户来说，带参数二维码能够使他们享受到更有针对性的服务，并且节省时间。而对于商家来说，他们可以把小程序的各个商品的页面生成一个个二维码，放在不同的场景中推广，这样针对性的推广更有效果。

2.2　微信陆续放大招，小程序功能逐渐完善

微信小程序自提出之后，其功能逐渐增加，比如，个人可以申请小程序、小程序"附近"功能、同一个主题的小程序和公众号可以同名、公众号可关联不同主体的 3 个小程序、公众号可以快速创建"门店小程序"等。目前，微信

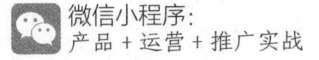
小程序依旧不断增加各种新功能，开发和使用都越来越方便。

2.2.1　小程序新开放六大功能

2017 年 3 月 27 日爆出小程序新增了六大功能，对此，想必大家已经非常关注了，下面将一一介绍这 6 个功能。

（1）个人开发者可申请小程序。小程序开放给个人开发者申请注册，个人用户可访问微信公众平台，扫码验证个人身份后即可完成小程序账号申请并进行代码开发，这个功能的开发预示着会有更多的人加入小程序的行列。

（2）公众号自定义菜单单击可打开相关小程序。公众号可将已关联的小程序页面放置到自定义菜单中，用户单击后可打开该小程序页面。公众号运营者可在公众平台进行设置，也可以通过自定义菜单接口进行设置。

（3）公众号模板消息可打开相关小程序。公众号已关联的小程序页面可以配置到公众号的模板消息中，用户单击公众号下发的模板消息，可以打开对应的小程序页面。

（4）公众号关联小程序时，可选择给粉丝下发通知。公众号关联小程序时，可选择给粉丝下发通知消息，粉丝单击该通知消息可以打开小程序。该消息不占用原有群发条数。

（5）移动 APP 可分享小程序页面。开发者可以把小程序绑定到微信开放平台。绑定后，同一微信开放平台账号下的 APP 可分享已绑定的小程序页面到微信内的会话或群聊。

（6）扫描普通链接二维码可打开小程序。商户如果在线下已铺设了普通链接二维码，可在公众平台的小程序管理后台进行配置，用户扫描该原有线下普通链接二维码可直接打开小程序。

下面具体解读一下这 6 个新功能。

（1）帮助开发者增强小程序能力，扩大小程序的使用场景。有开发能力的个人，可以申请注册、开发小程序，很多创业者希望提供一个更广阔的平台，方便个人开发者便捷地开发一款小程序。

（2）新增连接能力。

①公众号自定义菜单单击可打开相关小程序。经过认证的订阅号和服务号，可以把自己关联的小程序放在自定义菜单中，用户单击可直达小程序。

②公众号模板消息可打开相关小程序。通过公众号，公众号运营者可以推送关联的小程序页面了。

③公众号绑定相关小程序时，可选择给粉丝下发通知。公众号运营者可以通知粉丝，"我绑定了这个小程序"，粉丝单击消息就可以打开小程序。

（3）兼容线下二维码。如果你是一家商户，不仅可以通过小程序后台生成新的二维码，而且还可以将线下已经铺设的二维码经过后台配置，让用户扫描原有二维码就可以直接打开小程序。

（4）APP 和小程序全新打通。APP 和小程序也有了新的连接方式：APP 链接分享到微信，点开就是小程序。透过这次微信小程序的大招，足以看出微信及腾讯官方对于小程序平台的重视；如果你至今还在看轻小程序，或者依然在徘徊等待。只能说明，你已经落后了！

2.2.2　微信放大招，小程序"附近"功能来了

小程序的"附近"功能是指：用户进入微信小程序界面后，可以直接看到所在地周围一定范围的所有"小程序"，包括实体店、服务店、商场等。微信在小程序上线之初就曾提及该功能，它也成为零售领域最期待的一项功能。

微信的开发者透露，微信对小程序进行升级、优化入口，具体方法有：推出为线下场景服务的附近功能，在微信支付页面、微信公众号中设置小程序入口，在微信中分享 APP 页面直接唤醒小程序，甚至用微信扫描线下二维码直接跳转小程序等，不过最终举措还要以微信的官方文件为准。

其中，最受零售企业关注的是"附近"功能。对于用户，如需要寻找附近的饭店、加油站、医院、按摩店等，无须实地查找或者用美团大众等更多 APP，只需打开微信小程序界面，周围的服务即可尽收眼底；而对于微信，切入线下场景可以高频地盘活微信之外的流量,将更多碎片化流量引入微信生态。

关于小程序带来的新零售变革，首家融资小程序成功的阿拉丁创始人史文禄列举了三点：

（1）消费者习惯用小程序来搜索附近门店，意味着门店客流不再依靠有曝光率的位置，那么就不必选址在主干道，节约了零售门店的选址成本。

（2）通过附近展示和综合营销，单个店面的辐射范围会从周围几百米变成几公里。

（3）小程序中沉淀的预定、购买等数据，可以为小店提供数字化价值，解决小店以往仅凭经验进货的困难，为更准确、大胆的进货量提供依据，提升门店坪效。

但是，附近小程序的颗粒度究竟可以到达什么程度？商场、大型连锁自然有小程序开发能力，小水果店、便利店真的有能力入驻这个"展示平台"吗？史文禄大胆预测，拓展商户确实需要一段时间，不过就像当初推广微信支付一样，在小程序的推广方面，微信也会给第三方服务商提供很大空间，通过服务商去覆盖更多小店是"迟早的事"。

小程序会变革零售的想法并非猜测，马化腾在答记者问时也明确表达了腾讯对微信小程序的期望：我们希望微信公众号和小程序都是线下实体用，关注线下实体怎么才能更好，全是线上应用并不是我们的日的，帮助线下实体、帮助中间的开发商，让各个行业应用才是。

2.2.3　小程序可与公众号同名

自从2017年4月25日起，微信小程序和公众号可以同名了。具体规则如下：

（1）同一个主体的小程序和公众号可以同名。

如果你的公众号、小程序在微信公众平台上的名称是唯一的，且属于同一主体下，那么它们可以同名了。例如，公司A拥有公众号【微信公开课】，同时可申请小程序【微信公开课】，反过来也成立。

（2）同一主体下存在多个重名公众号，可以同名。

由于历史原因，可能在早期申请了多个重名公众号，那么你的小程序依旧能申请使用这个名称。例如，公司 A 早期申请了多个公众号【微信公开课】（第一个）、【微信公开课】（第二个）、【微信公开课】（第三个），仍可申请小程序【微信公开课】。

（3）不同主体重名公众号，不能同名。

要是存在这样一种情况：你和其他一个或多个主体使用相同的公众号名称（由于微信公众平台早期允许），那么这个名称在小程序内就不能被使用。例如，个人 A 和公司 B 同时拥有公众号【张三】，则【张三】的名称在小程序内不可被申请使用。

（4）同主体下，名称后缀"+"仍然可用。

公众号和小程序名称均不与其他重复的情况下，可支持同主体申请名称添加"+"后缀，这一点对公众号和小程序都适用。例如，公众号【微信公开课】的主体，支持申请【微信公开课 +】小程序。

想让小程序和公众号同名的，现在大家可以去改了。其操作步骤如下：

（1）登录小程序后台，单击设置，如图 2-6 所示。

图 2-6　小程序改名设置页面

（2）单击小程序名称右侧，"去改名"。

（3）通过微信认证流程改名即可。

不过，大家在改名时，要注意以下两点：

①未发布的（个人类/组织类）小程序在发布前可改名 2 次。

②已发布的组织类小程序可通过微信认证的方式改名，已发布的个人类小程序暂不支持改名。

总之，同名功能的上线，将帮助小程序开发者解决公众号和小程序命名难以取舍的问题，小程序的名称可与公众号保持一致，也可以不一致，给大家提供了自由选择的机会。

🔵 2.3　小程序上线后遇到了哪些"瓶颈"

早在 2016 年年初，小程序这个概念就被提出，更在 9 月底进入内测的时候就掀起了一片讨论，很多人对小程序抱着非常大的期望，有的人甚至表示在小程序上线以后就要卸载所有的 APP，只使用微信小程序。

然而在小程序上线之后，证监会就叫停了一些证券、基金类的小程序，一些相关的小程序就此下线，一些热门的小程序也暂停了服务，还有一些小程序暂停了更新。刚开始小程序受到很多用户的追捧，后来转变成被很多用户的吐槽（网络用户，指从对方的语言或行为中找到一个漏洞或关键词作为切入点，发出带有调侃意味的感慨或疑问），许多用户表示小程序的体验比不上原生APP。而在小程序"满月"之后，又被冷落，甚至很多人认为小程序会昙花一现。

小程序上线后遇到了这么多的"瓶颈"，发展的前途难免不被一些外行人看好，但是从目前来看，小程序仍属于探索阶段，相信通过小程序的不断自我完善，就可以走出这些"瓶颈"。

2.3.1　用户体验遭吐槽

很多用户在小程序没有上线之前，由于饱受 APP 占用内存方面的痛苦，对小程序充满着期待，但在小程序上线没几天，很多人纷纷吐槽小程序的用户体验，小程序作为一个轻量级的应用，尽可能的轻便致使它的内存比较小，在这个限制之下，用户得到的体验也就受一些限制。

小程序在之前被称为简化版的APP，原因就在于小程序只拥有APP的部分功能。微信对小程序内存大小的限制使它只能保留核心功能，对于一些相对复杂的功能，小程序则无法支持。

比如，腾讯视频小程序只能支持在线观看，不能对视频进行上传或者下载；小程序今日头条只能按照固定的方式推送内容，没有办法进行评论分享等功能，之前所具备的特色功能不能体现出来；滴滴打车小程序只能叫快车，不能叫专车、出租车等。

小程序为了追求极简，把APP中的许多功能进行了删减，一些用户常见的功能都消失了，用户得到的体验也被大打折扣。这对于那些用户不经常使用的APP可能影响不大，但是对于那些用户经常使用的，需求比较多的，小程序就远远不能满足需求了，只能继续使用APP。

对于移动用户来说，流量问题是自己非常关心的问题，使用APP时如果没有无线网络往往会注意流量的问题。小程序作为一款轻量级的应用，在内存占用方面比较省心，按理说应该节省流量，但是有些用户表示，部分小程序其实比APP还要费流量。

有人用猎豹清理大师对此进行了测验，结果发现部分同款小程序在加载时消耗的流量比APP还要多。以市面上普及度比较高的主流应用为样本进行对比，发现其中有一半的APP在第一次加载中耗费的流量比小程序多，有三分之一的APP在两次加载时消耗的流量比小程序少。

比如，摩拜单车这款APP，在第一次加载时只有0.22MB流量，在第二次加载时仅消耗了0.06MB。但是对于这款小程序来说，第一次加载用了1MB，第二次加载则使用了0.7MB。当然也有一些小程序在两次加载时消耗的流量均小于APP，用户如果只是抱着节省流量的心态去下载小程序，还是需要进一步的比较才行。

小程序还有一个经常被用户吐槽的地方是小程序的入口问题。小程序不会主动出现在用户手机里，要想找到小程序的入口，一个前提是把微信更新到最新版本，然后在内部进行搜索或者是扫描。对于很多用户来说，可能对于小程序了解没那么多，不知道小程序的入口方式自然找不到小程序。而那些知道小程序入口方式的用户，也有可能忽略了最新版本这个前提，因此也不能找到小程序。

小程序没有集中入口的原因一方面在于不打扰用户；可在另一方面也给用户增添了一些烦恼，尤其是在前期小程序不支持模糊搜索，用户只能搜索小程序的全称才能找到小程序，这都给用户增加了困难，在体验上自然不会太好。

对于任何事来说，都存在利弊两种情况，一方面，小程序追求极简虽然能够给用户带来一定的便利；但是另一方面，也会使用户的体验减去很多，用户其实应该看到这利弊这两个方面，对于那些经常使用的 APP 可以继续保留在手机里，对于那些不经常使用的，需求比较少的 APP，换成小程序的形式未必不是一件好事。

2.3.2　小程序满月遭"冷落"，被误读为昙花一现

与小程序"出生"前的备受关注不同的是，在上线一个月后热烈谈论小程序的声音越来越低，小程序似乎逐渐被冷落。一部分开发者开始不看好它，很多用户也表示已经装回之前删除的 APP，小程序似乎并没有对人们的生活做出太大改变，很多人认为小程序只是昙花一现。

在小程序刚上线期间，由于 1MB 内存的限制，让许多开发者在开发过程中出现了种种漏洞，给用户带来的体验也下降了，很多团队最终选择回归 APP。对于用户来说，刚上线的小程序给他们最直观的感受就是不方便，这与小程序以方便用户为目的的前提相悖，这样的结果有些始料未及。其实，小程序出现上述情况主要是因为微信为了推广线下入口，规定必须扫描线下二维码才能进入，不能直接通过识别二维码，这对于用户来说，如果不是在相应的场景之中，就不容易找到入口。

用完即走这本来是方便用户使用的，但是从小程序上线一个月后的情景来

看，似乎有些不理想。有些首批用户在小程序刚上线就开始使用，但是之后使用的频率却越来越低，原因在于"现在基本没有什么场景能够用上小程序，更多的还是停留在钱包上有的功能"。

微信的锁定功能很容易使用户的体验不流畅，很多用户也吐槽"小程序之间无法进行切换，这一点完全比不上APP"，这也是很多人冷落小程序的原因。在这样的趋势之下，一时间观望的开发者越来越多，实际行动的开发团队却在减少。

对于很多开发者来说，小程序是否值得用来推广产品，仍在考虑之中，有些团队在小程序上线不久就决定退出小程序。艾媒咨询CEO张毅表示："大家对腾讯微信期望过高，但小程序现在面临的主要问题是这种工具、模式并没能帮助团队企业实现商业变现。未来微信小程序在场景适配方面可以有更好的产品变革。"

或许正如父母对孩子的过分期待一样，小程序诞生于微信，承载着数亿用户群以及开发者的期望，致使当小程序上线后反响太过于平淡时，就有了一个巨大的落差，这也使很多人觉得小程序不会有大的影响力。

但在蜻蜓FM产品技术总监杨晶生看来，小程序满月受冷落和上线的时间点有一定的关系。正式上线的日期是2017年1月9日，这段时间逐渐进入过年的低谷期，用户在过年的时候，除了社交类的APP经常使用外，其他的可能并不会经常使用，这对于推广小程序来说，也是一件比较难的事情。

虽然在满月期间小程序受到了冷落，热度逐渐下降，但是随着两个月的发展，微信团队不断地弥补漏洞，使用户在使用小程序时更加方便。一些下线的、不更新的小程序又逐渐回归了微信，在2017年3月8日举办的第十二届全国人大第五次会议上，中国外交部部长王毅更是直接为一款小程序外交部12308（见图2-7）打起了"广告"：

12308是外交部全球领事保护与服务应急呼叫中心针对中国公民提供的，24小时领事保护与服务的领事保护热线，外交部领事司联合微信，推出了这款12308微信小程序，目的在于更好地为民众服务，这款小程序将在2017年3月22日正式上线。

图 2-7　外交部 12308 页面

从这些后续事件中可以看出，小程序仍然处于不断探索和发展阶段，通过微信小程序的不断改进，小程序的缺点将会得到改善，小程序将会实现一个更大的发展。由此可以看出，关于小程序昙花一现的评论的确为时过早。

另外，现在微信小程序越来越开放，程序包由之前的 1M 变为 2M，而且很多限制也已经慢慢放开，所以，小程序刚上线 1 个月所出现的各种问题，很多都已经解决了，小程序开发潮又一次掀起。

2.3.3　罗辑思维来了又走了，背后的套路

微信小程序于 2017 年 1 月 9 日上线，但是在 1 月 13 日，罗辑思维旗下的"得到"小程序就宣布停止服务，罗辑思维在短短的一段时间内来了又走了，高调的行为更让其他开发者心里的不确定因素增加了不少，罗辑思维这种思维

也不禁让人思考背后的套路是什么。

罗辑思维作为首批参与者，在上线短短几天时间内，罗振宇本人就在朋友圈发出一条挑动人心的话："我们决定不做了。我们知道小程序是什么了。哈哈，但是不能说。"后来根据罗辑思维的官方说法是，本来是想要通过小程序做一个轻量级的产品，但是发现有一些难题无法攻克，再加上开发资源有限，因此不再继续开发小程序。鉴于罗辑思维前后的说法有些不符，其前期行为也难逃炒作的嫌疑。

凭借着这个事件，罗辑思维收到了大量的曝光，更多的人因此知道了"得到"这款产品。虽然罗辑思维以及得到这款产品的知名度主要源自内容、运营方面，但是不可否认的是，这次事件又转变成一种低成本高收益的营销事件。

再重现回到小程序本身来看，腾讯公关总监张军曾经在微博上表示，小程序不是流量入口，线下才是重点。基于这种情况，罗辑思维如果带着传统的流量入口来看小程序就不行了。

罗辑思维下的"得到"还有一个特点，那就是存在付费内容，前微信产品经理杨茂巍在朋友圈里这样说："我们提交的 ME 学院小程序，里面因为涉及付费解锁知识内容被拒绝，我想这也是"得到"遇到的问题根本原因。付费问题不被支持，应该也是"得到"离开的原因。

杨茂巍的说话有一定的道理，因为苹果靠着应用市场与开发者的分成，赚了不少钱，对于这么一块肥肉，苹果肯定不愿意让给微信，因此会有一定的限制，付费添加就是被限制的内容。而且小程序上线时的功能设置规范中还明确指出，一些游戏、直播、虚拟物品等功能还没有开放，这使小程序避开了与苹果应用市场的付费下载方面和内购方面的竞争。

所以，罗辑思维"得到"的下架，在很大程度上是因为它提供的付费订阅属于虚拟物品购买，不符合小程序的功能设置规范。这样一来，罗振宇口中的"明白小程序要做什么"，意思可能就是明白小程序的目标是针对线下和实体交易。

当然，小程序也并不是没有引流作用，荔枝 FM 副总裁李泽隆在接受采访时表示，小程序给原生 APP 带来了更多的下载量。对于很多企业来了又走，其根本原因可能还是在于想要抓住微信的流量入口，但是没有注意到小程序带来更多的机会在于线上、线下的结合。

在白鹭时代联合创始人张翔看来，小程序在连接线下的时候，有三个方面的难题，"一是对小程序的认识。这就意味着我们不能再用过往的流量思维、粉丝经济看待它，小程序只是一个工具；二是具体应用业务的选择。小程序受限于1M大小的限制，更适合于企业的单点服务。在企业选择制作小程序时，不能完全照搬原生APP，需要全面考虑如何与线下业务结合、交互，准确选择好业务点；三是小程序推广，小程序虽然在iOS系统、安卓系统给予了不同的入口，但线下二维码的推广也非常重要，你需要在精准的场景、设计出舒适的图片供客户扫描，对企业来说需要保证一定的二维码数量，又不能使得用户反感，这个度很微妙"。

既然小程序因为种种原因，没有把流量口作为发展方向，而是连接线下，那么开发者在做一款小程序的时候就不应该再单纯的奔着流量来开发小程序，而是利用线下场景从其他方面获利。

2.4 微信小程序要想成功，尚需努力

微信小程序在正式上线的初期，从全民热捧转变为被冷落，热度下降了许多；而且在早期阶段，小程序还存在一些状况：线上的小程序使用频率不高，线下小程序的优势还没有得到体现，小程序的开发对于有些功能还不能支持。

因此，可以断定出，小程序不适合所有类型的产品，在这一段冷静期，应该多考虑小程序未来的发展。如今微信团队之所以存在一些问题，是因为微信团队的刻意保守心态，倘若微信团队给予更大的开放程度，那么小程序在未来的发展必定会有更多的潜力。而小程序要想在未来实现成功，还是需要付出一系列的努力。从目前微信对小程序的态度来看，微信团队一直为小程序能提供更好的开发环境和能力而努力。

2.4.1　取决于微信的开放程度

微信虽然给小程序提供了许多便捷之处，但是限制也是非常多，一些功能的限制往往对小程序的发展有阻碍的成分，这也是为什么许多企业来了之后又退出了小程序的原因。微信若是开放程度进一步加大，小程序也将会随之得到发展。

在小程序上线的初期，各方面的功能还在不断完善中，比如，小程序的服务范围在上线之后就扩大了一些，增加了社交、直播等功能，而在上线之前小程序官方文件中明确规定是不允许的。可以看出，微信官方对于小程序仍然是处于不断地探索阶段，微信的开放程度也会随着一步步的探索进行适当的开放，时间点和开放程度是微信考虑最多的问题。

微信手里还有许多未开放的内容，这些内容对许多开发者来说，非常具有吸引力。比如，推荐方面的流量、搜索方面的流量、自定义菜单流量、朋友圈流量、消息推送、社交关系等，还有一些虚拟服务等受到苹果应用市场的限制。至于这些功能什么时候会放开，需要微信根据时机而定。

微信最先开放的端口，都只能满足基础功能，对于一些发展型功能，微信团队一旦进行开放，马上会重新激起用户对小程序的热情。例如，微信小程序开放"附近的小程序"功能，这是众多商家期待已久的重磅功能，此功能一经推出，便掀起了新一轮上涨热潮。因此在不久的将来微信一定会做出一些调整，带来一些迭代。

根据小程序在上线几个月后的状况，小程序将会做出一系列的调整，用来打通线下更多场景，降低接入的开发成本和门槛。比如，小程序中的一个功能"附近的店"，在微信"发现"界面的小程序入口，利用"附近的小程序"功能，用户可以查找到用户周围有什么小程序，并且还能够找到是哪些实体店。"比如，在三公里处有一个肯德基店，那么你可以看到并立即打开它的小程序，然后在上面订餐下单。"

除此之外，在其他方面微信还有很多选择，"比如，允许微信公众号的自定义菜单接入小程序，或者把服务号和小程序的后台打通，又或者增加更多场景化运用等"。这些功能一旦开通，对于小程序来说，必将会收获到更多的用户群，毕竟很多微信小程序的内测号都是邀请的微信自媒体，很多企业将会把公众号和小程序两手抓，利用之前公众号积累的粉丝为微信小程序服务也并不是不可能的。

但是微信小程序没有做的事情还有很多，很多业内专业人士一致认为：小程序开放程度并没有达到令人满意的程度，微信团队在小程序推进的过程中虽然要保持克制，但是克制并不等于保守，如果微信团队的策略太过于保守，就会让许多开发者丧失信心。如果这个时候再有新的竞争对手出现，和小程序出现鲜明对比，那么微信再想要利用小程序来占领市场就比较难了，可能之前的心血都会毁于一旦。

因此，在小程序未来的发展道路上，微信的开放程度是关键的因素，微信团队对于逐渐成长的小程序必须给予越来越多的开放度，才能支撑小程序发展。而至于如何开放、开放的速度和程度如何，就要微信团队根据实际情况去决定了。

2.4.2 取决于用户的接受程度

评价一款产品的成功与否通常会以用户的接受程度来表示，如果一款产品能够被很多用户接受并且获得好的评价，那么这款产品就能够获得成功。对于小程序也是如此，只有大多数用户能够接受并使用小程序，才能促进小程序的进一步发展。

对于用户来说，他们关心的不是自己使用的是小程序还是APP，关心的是哪一个产品更能满足他们的需求，并且在操作上更加方便，哪种应用不会过多地占用自己的手机空间，哪种应用更适合在微信内部打开还是在桌面上打开。

虽然小程序在占用内存方面的确给用户减少了不少烦恼，但是在功能上小程序还是没有APP齐全，比如，"京东购物"小程序中有些商品还不支持利用该小程序购买，如图2-8所示。如果用户想要更多的功能、更好的体验，即使考虑到小程序的优点，到最后还是会选择APP。

京东购物小程序的首页就是一个非常大的搜索框，下面有一些优惠券，但是没有商品分类。而且在小程序内，有些商品不支持在里面购买。如图 2-8 中所示，搜索出一个笔记本品牌，当选择一定的型号之后，就会出现相关的提示："抱歉，该商品暂不支持在此购买"，对于第三方卖家好像都不支持购买。

功能的不齐全这是很多小程序存在的一个通病，有限的内存限制带给用户一定的诱惑，但是也会有缺陷，这种缺陷就使用户的体验比不上原生 APP。小程序所能提供的功能主要是 APP 的核心功能，但对于一些复杂细分化的功能，一般无法满足。

图 2-8　京东购物小程序的限制性条件

在这种情况下，小程序和 APP 相比的劣势就非常明显，用户想要更好的体验，肯定会首先选择 APP。因此，基于这个原因，小程序必须具备某些创意，并且符合微信的社交关系，才能够让用户更乐意使用小程序。

而从另一个层面上来说，微信团队对小程序的优化程度是决定用户接受程度的关键。如果微信团队对于小程序的最终定义满足了用户的心理预期，甚至能够解决 APP 的许多问题，这就会使许多用户投向于微信小程序的怀抱。

没有用户基础的产品算不上一款好产品，微信未来的发展一定要考虑用户的想法。微信团队如果能够和众多开发者打造出一款符合用户心理期待的小程序，就会在一定程度上将小程序向成功的方向进一步推进。

2.4.3　取决于能否将优势资源最大化

一项产品如果能够把优势资源利用到最大化，就能够使产品在竞争中拥有明显的优势。微信小程序诞生于微信内部，如果能够利用好微信内部资源，将优势资源最大化，就能够使小程序更具吸引力，这也是决定微信小程序未来发展的主要因素之一。

移动互联网刚兴起，APP 还拥有巨大的发展空间，它的优势主要体现在对硬件资源的利用最大化。APP 是基于 API 系统，因此可以凭此在性能、设计、流畅度、效果等方面做得比较好，甚至是远远超过小程序。

APP 凭借着对优势资源的转化，能够给用户提供最优质的界面，还能够与移动硬件的底层有更好的交互，从而使用户的体验优于小程序。但如果真的想要运营好一款 APP 并不是一件易事。除去两个版本的开发，中间的维护过程也比较麻烦。而且一款 APP 还需要有更多的人力资源去管理，导致推广成本越来越高。因此，APP 现在的道路已经不太好走，互联网从业人员也在寻找着各种其他办法来改变这种局面。

轻应用在这种情况下产生，在小程序之前，很多浏览器就已经尝试过做轻应用，轻应用的本质是基于 HTML5 的 Web APP，但没有带来太大改变。一个非常重要的原因是它对开发者的吸引力不够，并没有多少开发者关注，没有人参与只能不了了之。而小程序虽然在本质上和轻应用相似，能够让更多的参与者投入其中的原因就在于微信小程序能够提供给他们更多积极性的优势条件。

首先，微信可以给小程序提供最优质的用户条件，微信拥有将近 9 亿活跃用户，不仅聚集了中国绝大多数的人群，而且使大多数用户对微信有重度依赖。目前，微信已经不仅是一个社交平台，还具有娱乐、阅读、支付、工作、学习等功能，而是已经深入用户的日常生活当中。这些条件对于小程序来说是一个非常大的平台优势。

其次，微信自身的各种优势微信的发展轨迹是这样的：①吸引到所有的用户；②吸引所有的内容分发；③吸引所有的服务项目。即在微信内部形成一个完美的生态系统，在这个系统之下，参与者能够利用微信在之前积累的各种优势发展，他们当然会乐于参与。

因此，微信团队如果能够把微信的优势利用到最大化，把用户和内容优势与用户黏性进行充分的结合，开发者参与小程序的热情一定会非常高，这对于小程序的成功也是至关重要的。

2.4.4 用完即走并非小程序的最终愿景

用完即走是小程序的特点之一，这个特点也是给用户提供便捷的关键。虽然小程序的特点方便了用户，但有些特点可能并不是小程序开发者所希望的，开发者的最终目标还是如何留住用户。而对于微信来说，用完即走也并不是他们对于小程序的最终愿景，他们的最终目标是形成效率、能力、安全的综合体。

用完即走被微信带到了小程序的开发当中，效果也体现得很明显，无论一款小程序在开发阶段的架构有多么复杂，一旦被开发出来，呈现在用户面前的都是把功能入口以最简单的方式传递给用户，然后随时随地离开。

小程序基于微信的框架之中，虽然看上去好像共享了微信的流量，并且拥有良好的体验，但是微信的众多限制让小程序的许多服务无法真正实现，许多环节并不能得到充分展示。

对于许多创业者来说，进入小程序的目的本来是想要共享一定的流量，但是事实却是小程序并不能满足这个要求。可以看出，小程序没有对用户的使用习惯形成颠覆性的改变，依旧只是微信当中一个小切口，所以说用完即走并不是降低用户的操作成本，而是把这个成本嫁接到了用户学习使用微信上了。

对于一款 APP，开发者思考最多的就是如何吸引到更多的用户，如何留住这些用户，变现更多的流量。如今 APP 的发展已经逐渐艰难，小程序才会吸引到众多创业者。但是这些创业者即使投奔到小程序的怀抱之中，还是希望能够留住用户，共享更多的流量，显然用完即走的理念并不站在创业者这边。在这种情况下，大多数创业者只会选择在门口徘徊，观望着小程序的发展。

根据微信官方的解释，小程序想要达到的最终目标并不只是为了用户一方，应该在保证用户体验的情况下，使开发者也更容易的去开发，业务之间更容易连接。微信想要达成一个更加繁荣的生态应该是提供用户、服务提供商、平台等多方的共赢服务。之前，谷歌、苹果在建立新生态方面就已经做出了很好的示范，微信以现在的规模，完全也是有机会创造一个共赢的生态圈。

所以，对于微信团队来说，用完即走虽然是能够给用户带来良好的体验，但这个特点只能作为特征之一，而不能作为根本目的。共赢的生态应该是满足于微信内部每一方，使每一方处于一个平衡的状态，完全倒向一方的行为不可能使小程序走得更远。

第3章

需求分析：确定做什么、不做什么

3.1 用户分析

小程序在设计、开发的过程中对用户的分析，是小程序进行系统设计和完善的依据。小程序最终是被用户使用，选择哪种类型的用户作为目标用户，需要综合衡量用户存在的价值和潜在用户量。

之所以能够对众多用户进行分析，是因为用户群并不是互斥和独立的，小程序的用户群在一定程度上会有一些共同的特征，采用"用户画像"的方法找出用户群特征，凭此确定好目标用户。然后按照用户的行为轨迹找出用户的核心需求点，开发者在设计开发的过程中根据这些核心需求点，开发出一款受人欢迎的小程序。

3.1.1 采用"用户画像"分析用户群特征

"用户画像"又被称为用户角色，在很多领域都会用到，是一种找出目标用户和用户诉求的有效工具，产品的设计方向也能凭此找出。"用户画像"作为实际用户的虚拟代表，并不是脱离产品和市场构建出来的，而是具有强烈的代表性，能够代表产品的目标用户和主要受众。在对小程序的用户群进行分析时，"用户画像"分析是一种典型的方式。

"用户画像"最早是由交互设计之父 Alan Cooper 提出的，在他看来，"用户画像"的核心就是给用户贴上标签，每一个标签都是人为规定的标识，用高度精练的特征去表述某一类人，如年龄、性别、兴趣爱好等，不同的标签通过组合能够形成不同的"用户画像"。

这一点和 QQ 上的个性标签相似，在 QQ 个人主页设置中，用户可以选择许多标签来给自己定位，比如，白羊座、"90 后"、宅男，这几个标签就是用户对自己进行的概括，这在一定程度上和"用户画像"分析用户群特征的方法相似。

据 QuestMobile 数据的《流量聚合升级 赋能生态闭环——微信小程序用户画像及行为研究》报告显示，从"用户画像"上看，微信小程序更受女性用户欢迎，群体更加年轻化；用户群在北上广及江浙等经济发达地区抱团扎根，具有很高的线上消费能力及意愿，更偏爱苹果、华为等高端品牌，如图 3-1 所示。

图 3-1 小程序"用户画像"总结

据报告分析来看，从整体而言，小程序有望开启以服务为载体的新流量汇聚模式，与微信沟通形成互补，打通线上线下，夯实生活服务管理半径；未来服务可在线上团购、网银、支付、微博社交、地图导航等应用市场场景持续发力。

对用户而言，一款小程序不可能涵盖所有人，如果想要把男人女人、老人小孩等全部覆盖住，这样的小程序往往会走向消亡，因为每一个小程序都是针对某一种目标群体而服务的，如果用户群体基数越大，标准就会越低，如果适合每一个人，那么这款小程序其实就把要求降到了最低，最终的结果是小程序

毫无特色。一个没有特色的小程序又怎么会对用户产生吸引力？又怎么能继续
发展呢？

一款成功的小程序都是拥有清晰的目标用户群，并且用户群的特征比较明
显。比如，豆瓣服务的对象就是文艺青年，由于这种特征非常明显，使用户之
间的黏性也比较高，而给特定的群体服务，反而会比给许多用户提供低标准的
服务更容易成功。

对小程序的"用户画像"进行分析还能够避免设计人员对用户的草率代表，
小程序在设计时最忌讳的就是代替用户发声，把自己的期望当成用户的，还总
以为是在为用户服务，这样造成的后果是费了很多心血设计的小程序，用户并
不买账。

"用户画像"还能够提高小程序的决策效率，在小程序设计当中，总会出
现不同的声音，分歧也是难以避免的，这样的后果无疑会影响小程序的进度。
通过"用户画像"对用户进行分析，过程中的讨论也会围绕一个大的方向进行，
因此能够提高决策的效率。

在大数据时代，可捕捉到的用户数据越来越多，"用户画像"也因此更具
有价值，典型的大数据时代的"用户画像"包括两个方面：

（1）用户消费行为与需求画像。

用户通过消费行为总会反映出自身一定的需求，把用户的行为与需求进行
分析，就能刻画出一个精准的消费者画像。比如，用户在网上购物留下来的数
据痕迹就能够为电商们提供思路，电商通过对用户的个体消费内容、消费能力、
消费品质等方面可以为用户构建一个消费画像。

（2）用户行为的偏好画像。

通过对用户的一些网络行为，完全可以推断出用户的偏好，比如，根据用
户经常听的歌曲，翻阅的新闻、小说等内容，都是可以透露出用户的偏好的。

随着大数据的激增，"用户画像"也被运用到各个行业之中，比如，一些
媒体公司可以通过画像分析，提供精准广告投放，小程序当然也可以通过"用
户画像"分析实现对用户群特征的分析，实现小程序的"用户画像"可以分为
三个步骤，如图 3-2 所示。

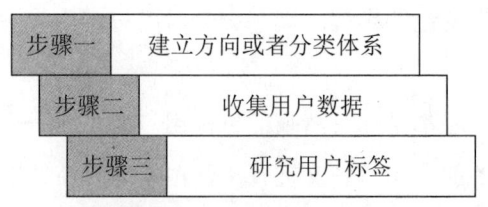

图 3-2　实现小程序"用户画像"的三个步骤

方向和体系是很关键的基础部分，通过标签结构能够实现从浅到深、从客观到主观、从通用到场景的画像，这三层对应的标签是基础标签、画像标签和场景标签，这些标签能够洞察用户，也是大数据运营的关键。

当确立了小程序的用户方向之后，就要对用户的数据进行收集，比如，用户的消费信息、行为信息等，收集到的数据一定要真实，并且具有一定的关联性。

标签是通过大量的大数据行为而建立的，不能通过用户某一次的消费行为和搜索行为来决定，这就需要对用户标签进行研究。

找出小程序的潜在用户群是找出用户需求的首要任务，在设计小程序的时候，根据"用户画像"的这三个步骤就可以最终确定小程序的用户群特征，找出精准的潜在用户，从而为找到用户的核心需求打下基础。

3.1.2　通过用户行为轨迹找准核心需求点

用户在使用一些互联网产品后，往往会留下一系列行为轨迹，这个行为轨迹能够反映出用户对产品的核心需求。如果能够精准把握用户的行为数据，了解到用户的喜好，就能够为产品设计提供依据。

比如，一款电商类的小程序，在分析用户需求的时候，关注的无外乎就是用户的消费行为。用户在网站中的一些行为，包括搜索、浏览、评价、加入购物车、购买、退货等行为，还包括其他方面的参与情况，这些都能够体现用户的信息。而且经过分析会发现，用户的行为信息量非常庞大，如果从采集到的数据来看，用户的购买行为会有上千种行为维度。在近几年中，电商之间打响了价格战，但单纯的价格战对于企业来说并不是最好的选择，这时一部分企业就开始另辟蹊径，通过对数据的充分利用和挖掘进而在商战中取胜。

下面以赢在移动开发的"导购助手"小程序为例，分析"导购助手"小程序的具体功能：

（1）门店和导购的信息管理。

商家旗下的门店都入驻赢在移动的"导购助手"平台；导购注册申请成为平台的会员，平台审核确认身份。

（2）导购业绩管理。

商家可以查看每一个导购的相关信息，包括扫码次数，卖了多少货、卖出了哪些商品、得到了多少红包、积分、卡券、礼品等（奖项由商家自主设置）。

（3）平台公告展示。

平台公告展示包括导购每月业绩排行榜、门店公告等。

（4）查库存。

赢在移动研发的"导购助手"目前支持两种方式：一是扫码查库存；二是输入名称查库存。商家可以快速查看商品的数量以及详情，方便及时补货。

（5）增加"门店附近的店"功能。

"导购助手"小程序未来将增加查看"门店附近的店"功能，商家可以根据各门店的库存和实际需要，到邻近的门店快速调货，提升消费体验。

目前，针对门店的"导购助手"小程序已开发完成，主要功能包括：门店管理、商品库存管理、附件门店库存查询、导购管理、导购积分、导购红包、导购业绩统计、导购业绩查询等。

大家想要找出用户的核心需求，需要分析用户行为的一系列反馈，下面以电商行业为例，具体分析用户的行为轨迹，其分析内容主要体现在以下三个方面：

（1）网站转化率低主要是由进入网站购买的人少导致的，不同的用户可能会有不同的不购买原因，但是通过用户行为轨迹就能找出绝大多数的原因。比如，结果可能是搜索找不到结果，有些功能使用不方便等。

通过用户的使用轨迹，还可以找到那些无效流量，比如，某一个渠道来的用户没有产生用户轨迹，就可以看出这个渠道来的流量并不是真实的。

（2）内容要使各个部门相协调，提高电商企业的效率，电商行业各个部门可能都存在一些矛盾，对于用户并不买账的后果，运营部会认为是市场部没有做好推广，认为产品部门没有设计好符合用户需求的小程序，认为技术部的技术方面存在着问题，当然其他几个部门也会互相埋怨，这将会严重影响各部门之间的团结。

但是，通过用户行为轨迹，便可找到问题的根本原因，责任也会变得清晰，各个部门之间各司其职，就能够很快解决问题，从而提高企业的工作效率。

（3）对网站推广效果的监控。目前的统计数据中可以看到 IP（独立 IP 数，00:00—24:00 相同 IP 地址被计算一次）、PV（Page View，即页面浏览量或点击量，用户每次刷新即被计算一次）、停留时间和访问页数等，但这些数据很容易造假，从而导致没有达到预期推广效果。所以，企业要实时监控用户行为数据，保证数据的准确性。

在明白用户行为轨迹的作用之后，还应该知道一点，抓住核心需求点需要明确每一个用户的个体行为轨迹，而不仅仅是从大范围的方向上判断，这里有一个要求，就是以人为中心，这和小程序的理念也是不谋而合的。

从个体行为中可以研究出用户的行为动机，个体用户的轨迹可以反映出小程序的问题所在，在对用户进行了多维度的细分之后，还需要知道这些用户是谁，只有这样才能够对用户进行分组。

在过去，互联网人员在分析网站的时候，使用的都是 CNZZ、百度统计，或者 GA，这些流量统计网站只能提供统计数据，而不能提供数据背后的个体用户特征。如今的个人行为轨迹就在此基础上做出了改进。

小程序也被张小龙比作 PC 时代的网页，对于小程序进行传统的分析也是不可能的了，只有用精准化的用户行为分析，才能够给互联网人员带来最大的效率。所以，对小程序来说，以事件作为起点，以人为中心对用户进行分析是不可缺少的。

从此可以看出，小程序利用对用户的分析找出用户需求的行为，正是对小程序理念的践行。小程序是以服务用户为目的，那么用户需求就是小程序设计时的关键，不脱离这个核心内容，设计出的小程序才会有用户基础。

3.2 自身产品分析

在开发一款小程序前，想要知道自己的小程序和预期有多大差别，或者是否满足潜在用户需求，还是需要开发人员对自己的小程序进行分析，包括小程序的目标功能是什么、使用场景在哪里、使用场景的时间是多少、小程序的目标用户有哪些以及如何让目标用户对此产生依赖等。

通过对小程序以上几个方面的分析，能够清楚看到小程序身上所有的优点和缺点，进而把优点延伸到小程序上，给小程序进行准确的定位，并且找出小程序的发展方向。但是如果真的想要看清楚小程序的各方面情况，也并不是件易事，需要采取相应的方法才能够对小程序进行彻底的分析。在分析自身小程序的时候需要和相关的小程序进行一定的关联，或者是统计一定的数据进行分析，分析出的结果可能会更有效。

3.2.1 小程序关联性分析

在开发小程序的时候，把小程序孤立起来去看待其实是不明智的做法，因为很多企业在开发小程序之前已经有了一些小程序或服务，如果把这些产品或者服务和小程序进行一定的关联，把优势内容在小程序上面得到延伸，这对于小程序的发展必将大有裨益。

与小程序相比，APP 就是一种比较重的应用，里面承载的内容相对来说比较多，而随着小程序自身不断的升级，APP 这种重与小程序相比还会随之加大。一些重应用可能会给用户提供更多的服务，从而能够给用户带来更好的体验，但是这种重对于用户来说，更多的是一种负担，复杂而繁多的功能反而会让用户无从选择。毕竟对于用户来说，经常使用的功能是有限的。

携程 APP 是一个针对外出旅行人士的应用，里面包含的内容非常丰富，可以支持用户购票、预订酒店等服务。而且 APP 中包含的出行方式也很齐全，有火车、汽车、飞机、租车等形式，用户可以根据自己的意愿进行选择，对于酒店预订方面，用户还可以提供多种关键词的搜索。

图 3-3　携程旅行小程序页面

这看上去是一个功能十分齐全的应用，但是对于大多数人来说，里面有些功能可能并不是很需要。比如，酒店预订里的关键词筛选功能，虽然具体的筛选可能会给用户节省时间迅速找到理想的酒店，但是对于很多用户来说，他们可能更喜欢多浏览几家酒店，然后进行比较。不过，携程 APP 的筛选功能可能会让用户错过一些不错的选择。除此之外，APP 中一些细小分化的功能对于用户来说，使用的次数也比较少，用户使用最多的无非就是车票预订和酒店预订。

图 3-3 是携程旅行小程序页面，从其页面可以看出，小程序在携程 APP 的基础上做了一些改进，该小程序专注的服务就是"旅行"，提供的服务非常清晰明确，从小程序提供的五大服务小程序中就可以看出，酒店、机票、火车票、汽车票、景点门票，这几项内容对于旅行者来说是最经常使用的，小程序只保留这五项小程序服务，使整个页面变得简洁而清晰，这样一来，需要提前预订酒店和购票的用户在使用时，体验会得到提升。

虽然说携程旅行小程序是在携程 APP 的基础上诞生的，但是企业对原有的 APP 进行简化，只保留用户经常使用的核心功能，对于那些烦琐的小功能进行删减，使小程序的功能变得整洁而有序。

把小程序和之前的 APP 相关联，不仅在开发过程中会少走一些弯路，快速开发出一款小程序，还可以在原生 APP 的基础上，吸取其优势内容，避开其缺陷，这样一来，开发出的小程序会更合理。

人们往往会有这样的体验，在一些店铺里，商家总会把一些小程序进行搭配，比如，衬衫会和外套、裤子搭配，毛衣也总会和店铺里的外套进行搭配，而且往往其中搭配的一方是店铺里的爆款。这样搭配有一个好处，那就是利用爆款来吸引用户目光，消费者发现爆款和另一件商品的搭配比较合适，往往在购买爆款的时候也会购买另外一件商品。

这种方法同样可以进行挪用，可以把小程序和之前的爆款产品相联系，吸引用户对小程序的关注。比如，某企业在微信内部有一个经营不错的公众号，里面有几万甚至十几万的粉丝，那么企业就可以把公众号和小程序相关联，而且微信官方现在已经支持二者相互关联。除了运用关联方式，自媒体还可以在公众号内部发表关于小程序的文章，让粉丝对自己的小程序有一个更深入的认识。总之，企业把小程序和自身产品进行一定的关联，就能够为小程序的发展提供便捷。

3.2.2 聚合统计分析

对自身小程序做好聚合统计分析，能够分析出小程序的运营情况，进而找出在激烈竞争中脱颖而出的方式，创造出更多的价值，这对于小程序来说，不仅能够给其提供一定的技术基础，还能提供一些运营方面的经验，从而使小程序在发展的时候更加顺利。

对小程序进行聚合统计分析，分析的对象无非就是一些数据，因此企业在进行分析的时候，首先就是应该收集数据。列出企业需要的数据项，评估哪部分是需要 APP 上报的，哪部分是后台就可以统计的。对于 APP 需要上报才能采集的数据，企业在发布前一定要谨慎对待，而且必须要经过一定的校验和测试，因为一旦发布出去，后来却发现数据的采集出现了问题，那么之前的努力就等于白费了，而且还会使客户端的运行效率变低。

采集好数据之后，需要对原始数据进行一定的加工和处理，然后使其变成直观的数据，这样就可以很清楚地看到数据的全部面貌。比如，对于用户行为来说，他们经常使用哪些功能，经常点击哪些按钮以及哪些功能并没有达到预期效果等，这些都是对数据进行分析之后才能够得出来的。

如果需要再进一步的分析，就可以分析功能之间的内部联系，比如，用户非常喜欢某 APP 上的两个功能，而且二者的关联性还很强，这时企业就可以考虑把这两个功能结合起来，进而对页面进行调整，然后做出一个有市场潜力的小程序。

例如，"程序秀"小程序，这是一个可以帮助别人开发小程序的小程序。这个小程序是以"即速应用"无须代码一键生成微信小程序的开发工具为基础，为广大开发爱好者提供小程序开发的最新资讯和培训课程，因此，"程序秀"小程序在短短的时间内便迅速在业内普及开来，其页面如图 3-4 所示。

图 3-4 "程序秀"页面

从功能实用性上来看，"程序秀"同时满足了两种人群的需求：一种是完全不懂技术的人员；另一种是希望提高效率的程序员。从 UI（User Interface，即用户界面）设计上来看，"程序秀"的设计也非常简洁明了，所有类目分配合理，一目了然，可以说是小程序设计的标准模板。

图 3-5 "程序秀"小程序案例页面

接下来分析"程序秀"的小程序案例页面（图 3-5），其实这个页面也是通过"即速应用"这个小程序开发工具进行开发的，这些案例可以让用户为模板，借鉴一些优点，避免一些不足。

"程序秀"小程序的成功，与"即速应用"这个平台是分不开的，它依据这个平台聚合一些用户数据，分析出用户的需求、喜好，再进行相应的设计开发，这样的小程序必定会受到用户的青睐。

另外，通过数据的聚合统计分析，就应该知道用户来自哪里。在国内，获取用户的渠道其实是非常广泛的，比如，微博、微信、各大运营和应用商店、厂商预留等。开发者通过统一分析工具，可以对多个维度的数据进行不同的效果评估，比如，活跃的用户、新增的用户、单次使用长度对比用户等，这样就能够根据数据找到适合小程序自身的渠道，从而获得比较好的推广效果。

在这期间还应该注意一定的原则，数据本身是客观的，但是在对数据进行解读的时候往往具有主观性，同一组数据在不同的人看来会得出不同的结论。所以，在对数据进行解读的时候，不能有先入为主的观点。采集数据是一个优先级比较低的事情，小程序的性能不能被采集的数据所影响，而且采集的数据还不能涉及用户的隐私。毕竟数据不是万能的，从业者应该相信自己的判断。

通过对数据的分析，了解到小程序所处行业的数据，就可以知道自己的小程序在整个行业中的水平，并从多个维度对比自己小程序和行业平均水平的差异，以及自己小程序在整个行业的排名，从而找出自己小程序的优势和不足。

对微信小程序来说，以上这种分析结果对于其未来的发展是至关重要的，而且这种发展也有着示范式的作用。对于现有的互联网企业以及传统企业来说，对自身小程序的运营情况有了一定的了解之后，就可以把企业现有小程序的优势方面继续在小程序中体现出来；对于一些缺陷和不足，在开发小程序的时候进行改进和避免，这样开发出的小程序就会有受众基础。

3.2.3 滴滴出行和美团外卖都在做减法

许多企业开发的小程序都是在自身产品的基础上进行改进的，小程序最大的特点就是轻巧，对于这样的要求，很多企业的做法就是在原生 APP 的基础上做减法，然后从整体上进行一定的改善，从而形成一个小程序。

这样的做法可以快速帮助企业开发出一个小程序，这也是为什么很多小程序用了几天甚至一上午的时间就做出来的原因。其实，做减法这种行为不仅是企业的自愿行为，而是微信官方对小程序的限制，使企业不得不做出的选择，当然，这种行为也有一定的利弊。

滴滴出行和美团外卖都在小程序上线的第一时间发布了自己的小程序，这两个 APP 有一定的代表性，它们的小程序最大的特点就是在原生 APP 的基础上进行删减，功能被大幅度减少，下面就来具体看一下它们是如何做小程序的。

与滴滴出行 APP 相比，小程序的功能少得可怜，只保留默认的快车功能，其他的出行方式全都被去掉了，个人账号、地图也都消失了。不仅如此，对于之前 APP 的一些功能，如代人打车功能，也都消失了。

图 3-6　滴滴出行小程序和 APP 页面

和 APP 相比，在小程序里叫车功能可以一键搞定，只需要填写好出发地和目的地就可以叫车。但是用户没有了其他选择，不能进行拼车，也不能享受 7 折优惠，对于历史行程也不能进行查看，这似乎有些不够人性化。

美团外卖也有着非常大的改变，在美团外卖 APP 当中，会有许多细分的功能场景，用户可以自由选择。但是在小程序中，供用户选择的服务少很多。小程序中只保留了想美食、爱玩乐、看电影这三大块内容，并且之前各种筛选条件等功能也消失了。

对于那些经常使用滴滴出行和美团外卖的用户来说，小程序并不能满足用户的过多要求，可能给他们带来的体验也远不如 APP，这样，小程序对功能需求多的这部分用户是没有什么吸引力的。那么，这就意味着这些小程序没有用处了吗？当然不是。

虽然滴滴出行和美团外卖的小程序在功能上删减了很多，但是从保留的核心功能上来看，依然能够满足用户的一般要求。对于那些不经常使用滴滴出行或者美团外卖的用户来说，他们对此要求并不高，APP 的很多功能可能自己并不会用到，而且为了偶尔使用而下载一款这样的 APP 是不划算的，小程序对于他们来说，无疑是最好的选择。而对于企业来说，通过小程序，它们又获得了另外一批用户群。

所以，企业在开发小程序的时候，利用其自身产品，在原有产品的基础上对小程序进行相应的改善，不仅能够节省一定的资金和精力，更能收获到 APP 所不能囊括的用户群。

3.2.4 春秋航空特价机票：以"特价"为主打功能

企业除了对自身产品进行一定的删减，重新开发出一款小程序之外，还可以在原生 APP 的基础上，以某一个方面为出发点，开发出一款小程序。春秋航空特价机票就是一款以特价机票为主打功能的小程序。

在春秋航空 APP 中，它与很多 APP 很相似，不仅给用户提供机票预订的本职性功能，还提供了酒店预订、全球购、出境游、国内游、周边游、门票等附加性功能，其页面如图 3-7 所示。利用机票预订功能，再把一些延伸性功能聚集于此，这样一来整个 APP 就显得全面而充实，对于用户来说，体验也会有所上升。

图 3-7　春秋航空 APP 主界面

但是对于大多数用户来说，春秋航空 APP 中除了预订机票这一功能比较常用以外，其他的一些辅助功能就显得有些累赘了。还有一些人也并不会经常预订机票，他们可能会偶尔预订一次机票，在他们的内心深处渴望着有一个不需要下载，就能够便捷的提供机票预订功能的服务。这个时候，小程序正是一个非常好的选择。于是，春秋航空开发出一款春秋航空特价机票小程序，这款小程序并不是对原有 APP 的简单删减，而是有一个主打功能，就是向用户推出特价机票。春秋航空特价机票小程序不仅可以向用户主动提供特价机票的服务，还支持用户随时查询航班时刻表，在用户登机和下机的时候，小程序都会进行提醒，其页面如图 3-8 所示。

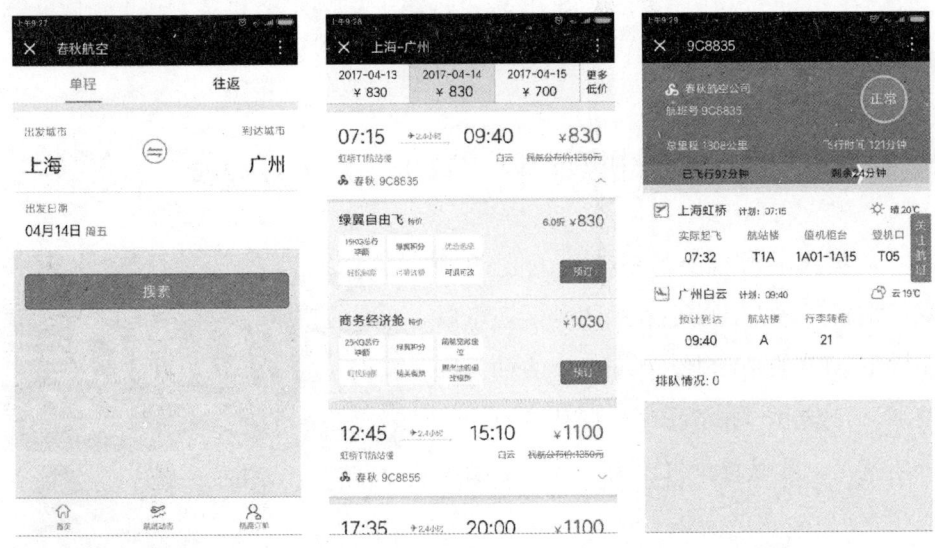

图 3-8　春秋航空特价机票小程序

用户通过春秋航空特价机票小程序查找到的特价机票甚至是 1 元起，而且不需要在 APP 上进行查找。除此之外，最关键的是春秋航空特价机票小程序不需要用户进行下载，用户进入微信就可以直接使用，用完即走，这对于只有购票要求的用户来说，体验会非常满意。

春秋航空小程序删减掉其他功能，主打"特价"功能这也是有一定依据的。小程序之所以非常适合小工具类的场景，主要在于小工具功能的单一性，也和小程序自身的限制有关系。如果一款小程序只是简单的对原生 APP 进行删减，并没有什么核心内容，那么对于用户来说，还不如直接使用 APP 方便，这款小程序存在的价值也会值得怀疑。但是如果小程序有一个明显的特色，那么就可以给用户提供其他方面的服务，小程序能够和 APP 相互配合，二者就会实现共赢，如果是这样，企业又何乐而不为呢？

3.3 竞品分析

一款小程序在解决用户同样需求的时候，往往会碰到不同的小程序，在解决不同需求的时候也会碰到不同的小程序，甚至在解决不同层次需求的时候还会碰到不同的小程序，这些小程序都是竞品。

知己知彼，方能百战不殆，也可以看成做竞品分析的目的，企业做竞品分析最终的目的还是为了促进自身小程序的发展。做竞品分析可以为企业小程序的战略规划、布局以及市场占有率提供一定的参考依据，还能够根据竞争对手小程序的实际情况，迅速做出自我调整，创立新的内容。说得直白一点就是可以有一个对比，从对方身上吸取教训，学习成功经验。

3.3.1 做竞品筛选，明确真正的竞争对手

小程序竞选并不意味着对所有能找到的竞品都要进行分析，要知道，筛选重于分析，从筛选后的竞品里先确定真正的竞争对手，然后进行各方面的比较，才能得到一个准确的分析结果，这对自身小程序来说才会有所帮助。

做竞品分析需要明确一条主线，就是先找出竞品，然后再找出竞争对手，确定比较哪些方面、如何进行比较，以及最后的结果是怎样的。主线一旦明确才能够更有灵魂，在进行竞品分析的时候才能分析出重点。下面以毒舌电影社区和豆瓣评分两个小程序为例，简单介绍一下如何做竞品筛选。

众所周知，豆瓣网成立于 2005 年，是一个社区网站，提供关于书籍、电影、音乐等作品的信息。豆瓣网旗下开发的小程序——豆瓣评分，为用户提供最新

的电影介绍及评论，包括上映影片的影讯查询，用户还可以记录想看、在看和看过的电影电视剧，顺便打分、写影评。

对毒舌电影社区来说，它致力于做一款集影片推荐、影片信息查询和深度影评于一体的影片资讯小程序，能帮助用户了解有哪些新电影资源以及有什么好电影。毒舌电影社区的小程序定位可以说与豆瓣评分不谋而合。在寻找竞品方面，无论是从小程序类型，还是从知名度方面来说，豆瓣评分都是毒舌电影社区最好的竞争对手。

找到真正的竞争对手之后，就可以取长补短了。从实用性来看，毒舌电影社区比豆瓣评分更略胜一筹，可参照图 3-9 所示。前者能为用户提供影片推荐、影评分享以及播放资源等功能，是电影类小程序里做的较完善且较出色的一个。

图 3-9　毒舌电影社区和豆瓣评分功能对比

从界面美观来看，毒舌电影社区的界面视觉效果还是比较好的，可参照图 3-10 所示。用户进入毒舌电影社区，看到自己心仪的电影后，进入会有一种进了电影院的感觉，影片列表干净利落，片名、简介、海报、评分一目了然。

图 3-10   毒舌电影社区和豆瓣评分界面对比

对于企业来说，进行竞品分析首先就应该找出竞品，那么从哪里找出竞品呢？在互联网时代，当然可以从网络上寻找，可以从以下四个方面来寻找竞品：

（1）知乎、36Kr、虎嗅、人人等都具有强大的包容性，涉及的内容也比较多，可以在内部通过输关键字、筛选相关文章，找出一些内容和点评，再查看和自己行业有关的信息，甚至是国外竞品的分析。

（2）一些应用市场也是发现竞品的很好途径，无论是应用宝、豌豆荚还是 360 助手，里面应用的设计分类性很强，大家可以把和自己相关的小程序都下载下来，然后进行分析。很多用户可能会有明显的体验，在下载软件的时候，会发现有许多小分类，每个分类里的应用都是同种类型的，在功能上具有很大的相似性。

（3）借助网友的力量，在朋友圈、微博、网站、博客等上面进行提问，网友会向你提供他们使用的各式各样的竞品，同时还能够对这些网友直接进行体验访问。

（4）灵活运用以上三种方法，竞品可以从多个途径寻找，这样寻找到的

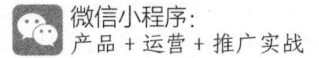
竞品会比较全面，基于不同的情况灵活组合各种方法，才会找出有效竞品。

在找到竞品之后，我们会发现，有时找到的竞品种类繁多、数量庞大，如果直接把寻找到的所有竞品当成自己的竞争对手，压力和重担可想而知，因此企业在找出竞品之后，还要从中进行筛选，确定真正的竞争对手。一般来说，对于企业来说，竞争对手有三种存在方式：直接竞争者、间接竞争者、同行业不同模式竞争者。

①直接竞争者。对于企业来说，和这种竞争者在市场目标方向上具有一致性、针对的用户群体也具有相似性、小程序的功能也非常相似，这种竞争对手是和企业摆在台面上的竞争者。比如，在某一个行业诞生的不同小程序就是小程序直接竞争者，比如，美团外卖、饿了么，都属于外卖领域的小程序。

②间接竞争者是指小程序的市场用户群体目标不一致，但是在功能和需求方面可以弥补企业小程序的优势，但又不是主要靠小程序价值盈利。

③同行业不同模式竞争者是指在同一个行业中，采取了不同模式的竞争对手，比如，B/S 互联网模式和行业解决方案以及单机 C/S 客户端，它们的区别就在于一个是一锤子买卖，另一个是长期靠服务收费。

在明确了竞争对手之后，还需要做两件事：第一件事是明确对手的用户，要研究出对手的用户需求是哪些，对手用户的需求有没有被满足。第二件事是分析自己小程序的用户，看看自己的用户还有什么样的需求，他们会不会使用竞争对手的小程序，自己的用户是否容易被对手抢走，怎么样才能避免被竞争对手抢走。

对用户进行分析的方法有很多，非常廉价的方式就是查看评论和做访谈，用户的评论最能真实地反映出用户的心理，能够看出用户在使用小程序时的情绪和态度，从而看出用户对小程序的满意度。

从大的筛选维度上来看，对竞品分析还可以通过公司层面、用户层面和小程序层面进行分析。公司层面是针对公司的市场、小程序、技术、运营等方面进行考虑，用户层面主要是从用户群体的覆盖范围、用户体验方面考虑，小程序层面上要从小程序的功能对比上、盈利方面、战略性方向来考虑。

3.3.2　竞品分析法：SWOT分析+各种表格

找出竞品和竞争对手都是在为进行竞品分析做铺垫，竞品在进行分析的时候还需要找到一些合适的分析方法，竞品分析方法有很多种，这里只介绍比较常用的 SWOT 分析法和各种表格分析方法。

SWOT 分析法是将企业内部和外部等各方面的条件进行综合和概括，然后分析每个部分的优劣势，面对的机遇和挑战的方法。这种分析方法比较具有宏观性和主观性，运用这种方法可以对对象有一个全面、系统而准确的研究，并且能够制定出相应的发展战略和计划。

SWOT 分析法一般采用十字图的方式，如图 3-11 所示。SWOT 是英文单词 Strengths、Weaknesses、Opportunities、Threats 的缩写，翻译成中文就是图中的优势、劣势、机会和挑战。

图 3-11　SWOT 分析法的四个部分

优势和劣势都是企业小程序的内部因素，受小程序的质量、服务、人员等因素影响，机会和威胁则是受企业小程序的外部因素影响，比如，市场、经济、政策等。因此，根据内外两个方面，SWOT 分析法可以分成两部分：第一部分就是对优势、劣势的比较，这一部分内容主要是来分析内部条件；第二部分主要是分析外部条件。

下面以微信小程序对比 APP 和 HTML5 为例，通过 SWOT 分析法分析出小程序有什么优势和劣势，以及小程序的机会和挑战又在哪里呢？

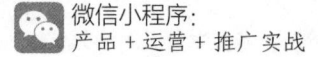
1. 优势

对比 APP 和 HTML5，小程序的优势主要表现在以下方面。

（1）从用户使用方面来说，小程序确实方便，即用即走，即在用的时候打开，不用的时候关掉。用户体验在这方面要比需要下载、安装，还要占用手机内存空间的 APP 要好。

（2）开发所使用的样式、组件、API 等代码都封装在微信小程序里面，所以打开速度比普通的 HTML5 要快，用户体验接近原生 APP。

（3）小程序可以调用比 HTML5 更多的手机系统功能来进行开发，例如 GPS 定位、录音、拍视频、重力感应等，能开发出更丰富的使用场景。

（4）小程序在安卓手机上可以添加到手机桌面，看上去跟原生 APP 差不多，但仅限安卓手机，iPhone 就不行了。

（5）小程序的运行速度与 APP 差不多，也能做出很多 HTML5 做不到的功能，而且开发成本与 HTML5 差不多，比 APP 的开发成本要低很多，这点在前面已经做了详细介绍，这里不再赘述。

2. 劣势

对比 APP 和 HTML5，小程序的劣势主要表现在以下方面。

（1）微信小程序的内存不能超过 2M，也就是说，企业无法开发出大型的小程序。所以，大家所看到的市面上的很多小程序都很小、很简单。

（2）小程序作为一种新概念，其技术框架尚不稳定，开发方法时常也有所修改，这就导致小程序在短时间内经常要升级维护。或许这也能解释为什么小程序容量不能超过 2M，因为部署太大型的项目很可能会存在隐患，比如，微信难以支撑旁大的应用，致使系统瘫痪。

（3）小程序不能跳转外链网址，间接影响了小程序的开放性。微信之所以这样做，其目的可能是想限制其他支付方式或功能接入。

（4）小程序目前还不能直接分享到朋友圈，这让小程序运营少了一个重要的推广渠道。

（5）小程序需要像 APP 一样审核上架，而且审核还是比较严格的，这点与 HTML5 即做即发布是没法比的。

3. 机会

微信推出小程序，其机会到底在哪儿呢？其内容如下所述。

（1）小程序会让微信定制开发和网站开发公司获得第一桶金。例如，优眠科技专注小程序全案咨询，在订单量上有了一定幅度的提升。另外，小程序是移动互联网方面的一个新市场，新市场必定会带来新需求，新需求必定会带来新机遇。

（2）小程序的出现，对微信营销公司来说也带来了新的市场，毕竟这些公司又有一个新玩法来做营销了，甚至还能多收点钱。

（3）微信第三方平台毕竟已经拥有成熟的功能体系，让客户加少许钱，就能做个微信小程序，很多客户都会欣然接受，毕竟微信小程序可以理解为一个用户前端。

4. 威胁

微信推出小程序，其威胁到底在哪儿呢？其内容如下所述。

（1）微信支付最大的竞争对手——支付宝小程序，也已经上线，这对小程序是一个大威胁。

（2）移动互联网端原有的 APP 相关应用，毕竟用户对有些应用的使用已经习惯了，要再养成一个新习惯，还需要一段时间。

通过以上分析，大家可以对小程序有个全面的了解。

在做小程序开发时，SWOT 分析法能够帮助企业找到对自己有利的因素和不利的因素，发现存在的问题和要避开的问题。这样一来，所有的事情按照轻重缓急就可以明确出应该先解决哪些内容，哪些内容可以往后放，得出的结论往往就有一定的决策性，对于管理者做出正确的决策和规划有参考作用。

小程序在利用竞品分析的时候，就可以按照这四个方面来填充。比如，一款电商类的小程序，它的竞品选择电商类的 APP，以竞品为依据，确定小程序的优势、劣势、机会和挑战，这样一来就会对这款小程序的大致发展情况有一个了解。

对于 SWOT 分析法其实很多人存在着误区，使用 SWOT 分析法到底需不需要竞争对手和竞品一直众说纷纭，其实，在 SWOT 分析中可以没有竞争对手。

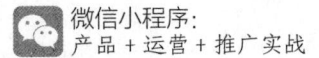
SWOT 分析中也许会没有竞争对手，但是竞争对手的影子却无处不在。

优势和劣势这些虽然都属于企业内部，但都是相对于竞争对手而言，竞争对手的劣势就是本企业的机会，竞争对手的优势会对本企业有威胁。SWOT的结果其实是竞争战略，根据机会、劣势、优势、威胁的不同组合，采取不同的作战方式。

但是 SWOT 分析法必须有竞品来做参照，从上面的表述中可以看出，即使没有明显的竞争对手，但还会有一个比较的标准，这个标准就是竞品。在对竞品进行参照的时候如果真的放到 SWOT 分析中就显得不专业了，正确的做法应该是在之前的流程中就应该完成对竞品的参照。

从 SWOT 分析法中也可以看出，许多条件都在一些框架之内，表格在这一部分当中会经常被使用到。结合 SWOT 分析法再根据实际情况加上各式各样的表格，可以使小程序的特性在短时间内呈现在用户面前。

对竞品进行分析的目的在于找出对自己小程序有用的内容，因此，在进行竞品分析的时候，应该注意的是，要紧紧围绕自己的小程序进行，不要把心思过多的放在对竞品的分析上，却没有对自己的小程序进行反思，这是在竞品分析时要避免的。

🐾 3.4 定性访谈分析

定性分析可以对用户需求进行质的分析，运用归纳和演绎、抽象和概括的方法对获取的信息进行加工，从而得出内在规律。定性分析凭借着主要是分析者的经验和直觉，比如，消费者在出行上遇到了一个问题，打不到车，这可以看作用户的一个需求，而这种判断就直接来源于经验和直觉。

对用户进行定性访谈的时候，首先应该明白访谈的目的；其次就是要确定好访谈对象；最后就是在访谈的时候创造一个良好的环境氛围。在访谈过程中讲究一定策略，得到你想要的结果。

定性访谈分析能够从用户那里得到最直接的需求数据，可以和自己的预期相对比，看结果是否相符合，这样就会对用户的需求有一个更深入的了解。对于小程序来说，采用这种方法是最直接掌握用户需求的方式，在小程序开发前进行一次深入的定性访谈分析，这对于小程序的发展来说有十分重要的辅助作用。

3.4.1　设置核心访谈问题列表

定性访谈分析重在访谈，如何从与用户交流中获取想要的信息才是关键，然而在进行访谈之前就需要把访谈的核心问题设置好，围绕着核心问题对用户进行提问，使整个访谈过程都处于有条不紊的秩序中。

为了在访谈时能够顺利进行，最好设置一个核心访谈问题列表，对于自己最关心的问题一一列举下来，可防止在进行访谈的时候遗忘一些问题。而在选择核心问题的时候，要掌握一定的原则和技巧，千万不能非常直白的问用户想要什么，因为这样很容易使用户思考到访谈的方案，从而偏离问题的本质。询问的问题最好是具有情景类的，帮助用户发现它们在使用过程中遇到的问题，让用户说出问题所在，而不是直接向用户提供方案。

在向用户提问的时候，要有一定的原则，最好的状态是像聊天一样，提问比较生活化。访谈从某种意义上来说其实就是聊天，最先保证的问题是让用户听得懂你在说什么，双方的交流比较顺畅，才能圆满完成访谈。所以，站在用户的立场考虑，他们不希望听到那些专业用语，生活化的提问更容易使他们接受。

提问过程中要关注用户过去和现在的真实感受，而不是向用户询问一些没有经历的体验。用户的经验是值得信赖的，而那些用户没有体验过的事物，对于用户来说，只凭感觉得出的结论未必准确。因此，不要试图让用户讨论不熟悉的内容，因为他们可能对此没有一点概念，为了应付眼前的局面，他们往往会胡乱给出一个答案。

对用户学会追问也很重要，作为访谈者，一定要像个主持人一样掌控着大局面。很多时候，用户不可能会一次性把问题说清楚，这时候就需要访谈者一步步地进行追问。比如，用户在谈到一个问题的时候，你可以紧接着追问具体的时间、场景、结果是什么等。主动向用户进行追问是一个比较高的要求,只有掌握一定的经验,才可能做好。

除此之外,工作人员应该注意一些问题,比如,注重倾听,不随便打断用户正常的表述。有时候主访人担心用户回答的问题有些偏题,或者担心漏掉一些问题,就会打断用户的问题,但是这样可能导致的结果是错过许多问题。当然当用户的回答一直在偏离主题,就需要主访人对其进行引导。

比如,企业是设计旅行行业的,设置的问题是对自己产品"特惠酒店"存在的不足,从访谈中找出不足点,通过对小程序的设计,提高用户的体验。针对这个目标,设计相关的问题,提问的问题可以从用户预订特惠酒店开始,了解到用户预订的目的、过程、遇到的情况等。这样设计出来的问题,倾向性不会很明显,得到的答案较为客观。

3.4.2 控制访谈新老客户所占比例

对于访谈来说,访谈对象是不可缺少的一部分,不同的访谈对象,获取的结果可能也不尽相同。对于企业来说,最好的访谈对象是既有新客户,也有老客户,对二者的比例进行协调,得出的结果才更具科学性,合理性。

在设置好核心访谈问题之后,可以通过各种渠道寻找用户,一般的方法是通过订单号去联系用户做回访,或者是从贴吧、论坛、豆瓣等渠道来挖掘潜在的用户。然后再从这些用户中进行筛选,使访谈对象当中的新用户、老用户以及中度用户各占一定的比例。

比如,先挑选出对上线小程序做出过许多主观性意愿的用户,以及经常提意见或者建议的用户,然后进一步找出刚注册使用小程序 1 ～ 3 个月的新用户,使用小程序 6 ～ 12 个月的中度用户,还有使用了 1 ～ 2 年的老用户,这样有了不同时间段的用户,就能够得到一个阶段性的答复。

之所以要选择不同时间段的用户,是因为不同时间段的用户会有不同的感受。以老用户来说,他们使用小程序的时间是最长的,小程序一定有一些内容吸引着他们。使用的时间这么长,一定会对小程序有更清楚的了解,包括小程序存在的不足和缺陷，有哪些痛点和痒点，而通过老用户，产品经理可能会更清楚小程序进一步的发展方向。

对于新用户来说，他们刚刚使用小程序，对于小程序的各个方面还处于探索阶段，可能对小程序没有老用户熟悉，但是可以从新用户的身上找到他们之前没有使用这款小程序的原因，例如，是推广的问题，还是某些漏洞，现在又为什么愿意使用这款小程序，吸引他们的地方是什么。从对新用户的访谈中，可以清楚小程序过去存在的问题，以及目前优势地方在哪里，为了更好地发展，应该避免哪些陷阱。

在针对不同时间段的用户设置问题时，应该有不同的侧重点，而且重点让用户描述遇到的问题，而不是向用户寻找解决的方案。不论是新用户还是老用户，他们在回答问题的时候，往往会对内容进行描述，针对他们的问题进行进一步的提问，才能够得到藏在背后的秘密。如果只关注用户的解决方案，导致的结果就是获得的信息不全面，往往会抓不住核心要点。

从不同时间段的用户身上，可以找出对小程序不同的价值，这远比不对用户进行筛选得到的结果好得多。主访人在进行访谈的时候要有针对性的提问，有掌控大局的能力，对现场各方面有协调能力，才能够使他们发挥出不同的价值。

当访谈结束以后，还要对得到的数据进行整理，对于这些新老用户最好也要有一个妥善的安排，比如，把新老用户各自拉到一个相应的 QQ 群中，与这些人成为朋友，想办法让他们成为小程序的体验者，并做好维护。这样，企业就会从这些人中得到源源不断的意见和建议，而这些正是小程序所需要的。

3.4.3 规划访谈时间、地点、人数和时长

定性访谈就如同电视节目中的嘉宾访谈，在整个过程中任何一个环节出现纰漏或者差错，都有可能导致整个现场失控，因此在访谈前规划好时间、地点、人数和时长，是必须做好的准备。

在通过相关渠道找到合适的用户之后，就要和用户约定好时间进行访谈，

必须把进行访谈的时间和地点非常清楚地告诉用户，让用户做好准备。到了约定的时间，最好对用户进行提醒，如果用户不能参加访谈，也要对用户进行感谢。

定性访谈其实包括一对一的访谈和一对多的访谈，但无论是哪一种，在流程设置上基本都是一致的。对于小程序的访谈，面对面的一般都是一对多的情况，这种访谈方式有一个好处，就是可以节省时间，高效率获得信息。

访谈时间也是着重考虑的一部分，如果访谈的时间较短，访谈得到的信息挖的就不够深，但是如果时间过长，用户回答问题的质量就不会高，而且很容易产生厌烦的心理。过长或过短的时间都不能达到理想的效果。

访谈时间一般控制在 1.5 ～ 2 小时，在整个访谈过程中，可以给用户提供一些饮品和零食，给用户带来一种轻松的环境和氛围，在一个轻松愉悦的聊天环境中，时间就不会显得漫长。在正式访谈之前，应该有大纲规划，对于重点内容安排足够多的时间，对于非重点内容一提即过。

在小程序还未上线的时候，一些企业就开始向开发者提供第三方服务，为了更好地对小程序进行宣传和对小程序有更多的思考，白鹭时代旗下的青雀应用联合一些媒体，以及其他合作方开展了全国性的沙龙巡回，这也可以看作一次访谈交流。

青雀应用的访谈节目比较吸引人的地方，除了主题外，在设置上也比较用心。在开场的时候，就给用户设置了开场红包，点燃起用户的热情后，开始讨论第一个议题。在进行到议题三的时候，又采取了抽奖和茶歇活动，可以使参与者得到放松。

这次活动虽然时间比较长，但是有着很大的吸引力，一方面可以和微信小程序开发大神们进行面对面的交流；另一方面还可以获取小程序教学实例代码，这对于那些对小程序有兴趣的用户来说，有着很大的诱惑力。而且通过交流，还可以得到不同人的声音，对之前的服务也会有所改进。

访谈的时间、地点、人数以及时长，这些虽然都是一些小问题，但是对于一场成功的访谈来说，也是不容忽视的地方，把这些小细节都提前规划好，才能够为访谈的成功打下良好的基础。

第4章

人员分工：基于能力分配，实现一专多能

💬 4.1 基于能力的虚拟金字塔分层队伍建设

根据技术人员能力和经验的不同，可以划分成 4 个不同的等级，对各个不同等级的技术人员进行各方面分析，能力由低到高的排名为一级、二级、三级、四级。最高级也就是第四级的技术人员处于最高端，这样就可以形成一个虚拟的金字塔分层队伍。

最高层技术人员要具备解决最核心问题的能力，还要具有审核和制定新技术问题的能力，同时对待第二级、第三级的技术人员能够提供一定的技术指导。而位于最基层的一级技术人员，具备的能力是能够独立帮助销售人员完成一定的专业技术方案，以及比较简单的技术解答，并能够按照一般流程解决一般性的问题。

基于这些员工的不同能力，给他们分配不同的工作岗位，按照人工成本对岗位数量进行控制，达到一专多能的岗位配置，对于企业来说，在进行小程序开发的过程中就能够更有效率。

4.1.1 岗位配置：一专多能

小程序开发团队在进行人员分工的时候，可以按照虚拟金字塔建立分层队

伍，对于岗位的配置会有更高的要求，一专多能对于团队来说，能够产生更高的效率。一专多能是指员工除了专业技能之外，还有适应社会多方面功能的能力。

对于企业来说，一专多能可以为企业降低成本，提高经济效益。从小程序的构成要素来看，小程序的成本是由固定成本和变动成本组成，固定成本是规模经济中的重要部分。职工工资以及管理费用正是固定成本的构成部分，能够降低这一部分内容，就能够为企业降低成本。很显然，一专多能的技术人员可以满足这方面要求。一个人能够完成几个岗位的工作，不仅可以满足岗位需求，还能够解决因工作量不饱满引起的冗员问题。

通过一专多能，企业劳动力资源在配置上会更加合理，生产效率也会随之提高。对劳动力资源的合理配置直接影响着劳动者与操作之间的协调，也关乎着生产效率。一专多能人员可以在岗位上更得心应手，对合理的人力资源配置提供高效的管理方式。

从员工的角度来说，很多员工其实并不希望自己长期从事某样工作，周而复始的重复某些内容，久而久之很容易让员工丧失对工作的热情，当然也不利于本职业的发展。如果给予有能力的员工尝试不同工作的机会，丰富他们的经历，提升他们各方面的能力，他们会对工作更有热情。

技术人员可能会有更深刻的体会，以小程序开发团队来说，团队中的人员基本上都是技术开发人员，如果内部人员只是对某一项具体的技术比较精通，而对于其他的技术方面不太了解，就会形成一个呆板的工作方式。特别是对微信小程序开发来说，其开发相对简单。与 APP 相比，普通原生 APP 开发最基本配置：1 设计 + 1iOS 前端 + 1Android 前端 +1 服务器端开发 + 1web 前端开发（涉及管理后台，套用现成 ui 模板除外）；然而小程序开发人员最基本配置：1 设计 + 1 前端 + 1 服务器端开发。

可见，微信小程序开发可能只需要 2 ～ 3 个人，就能完成所有的开发工作。根本不需要找一个前台设计人员、找几个后台开发人员、内测人员、维护人员等。所以，企业在招聘时，最好要求技术人员前后台都懂的，这样企业在开发小程序时，便会节省很多人力和物力。

对企业来说，如果很多员工能够实现一专多能，那么员工之间更可能出现的情况是工作上相互配合，经常沟通，在这种动态之下，员工的热情一直被点燃，无论是效率还是员工内部的和谐来说，都是有益的。

既然一专多能的岗位配置，对于小程序开发团队来说能产生更有效的作用，那么如何培养员工的一专多能呢？首先，应该从思想上进行改变，用舆论发挥作用。现在很多企业的员工，尤其是操作岗位的员工，由于在工作职位上长期做重复工作，导致不思进取，往往是不求有功，但求无过，在这种氛围之下提高效率肯定比较艰难。

因此，鼓励员工进行学习，保持活到老学到老的态度很重要。还可以给员工普及时代的紧迫感。互联网时代的今天，技术革新变化非常迅速，许多新技术层出不穷，如果只是守着已有的技术，却不向新技术学习，那么必然会被淘汰。

其次，对员工进行及时的鼓励也是非常重要的，对于有难度不容易学的新技术，员工不想去学也可以理解，因此企业应该在怀着理解和尊重的基础上体谅员工的难处，多解决他们的后顾之忧，听取他们的想法，使员工感觉到企业对他们的信任，通过这种激励方式，改变员工的观念，迎接新的挑战。

竞争激励也是很有必要的，企业在一些重要的岗位中，可以采取竞争的方式。比如，在培养某个行业一专多能的人才中，还可以实行招聘活动，通过竞争上岗。给招聘人员规定好统一的报名方式，通过理论考试、实际技术操作，录取优秀人才。这种竞争上岗能够促进员工主动学习新知识，形成积极向上的氛围，员工的技术水平也会得到进一步提高。

一专多能的岗位配置，无论是对企业，还是对内部员工来说，都有一定的积极意义，小程序开发团队在对人员进行分工的时候，采取这种方式，能够提高工作效率，开发出的小程序也将更加完善。

4.1.2　按人工成本对岗位数量控制

人工成本是指企业在生产经营活动中实际发生的，各项直接或者间接的人工费用。在实行一专多能的岗位配置的时候，岗位的数量会在一定程度上得到调整，最好的方式是按照人工成本对岗位的数量进行控制，适当的删减或者增加，这样就不会有虚职的产生。

从企业的角度来说，人工成本的构成主要有人力资源的获取成本、开发成本、使用成本、保障成本、退出成本五个部分。员工产生的工作效益除去人工成本，就能够得到员工带来的价值。

如果只是按照工作需要来设置岗位，那么在这种情况下，很可能会出现有些岗位不能发挥出实际效果，对员工的实际利用率比较低，产生的效益也不高。但是如果能够从人工成本上考虑，用人工产生的实际价值来控制岗位数量就能够避免上述的情况，人力资源将会得到最大程度的开发，这对于一个团队来说，也能够最大程度的降低总成本。

因此，控制好岗位数量的关键在于对人工成本的控制，如何控制人工成本才是设置一个合理的岗位安排中的重要内容。对于企业或者公司团队来说，可以采取一些措施进行人工成本的控制，如图 4-1 所示。

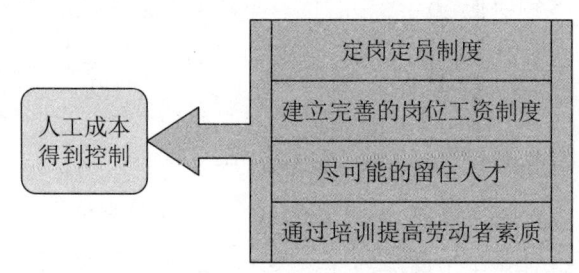

图 4-1　控制人工成本的措施

定岗定员制度是指对员工进行岗位定编，首先按照产量变化把定岗定编的任务做好，对员工的需求即可依据岗位编制制订计划。在招聘和人员分配上，都是实行"一支笔"政策，尤其是对于定员招聘的时候要经过严格的审批流程。

对于定员外招，原则上也只能是在职责增加或者任务加大的时候才能做出的行动，生产如果能够随着技术进步不断改进，生产自动化程度得到提高，那么定员也应该随之减少。

工资制度都是在不断改进之中得到完善，对员工要充分发挥工资的激励作用，激发员工的工作积极性，具有激励作用的工资制度能够促进员工的工作热情。对此，企业应该做到以下 3 点：

（1）建立技术通道。

根据员工的技术含量评定等级，使新老员工在技术水平方面拉开档次，形成主动学习技术，提高专业技能的工作风气，员工的技能得到提高，生产效率自然就提高了。在一些管理的岗位上也可以设置技能工资，这就要求企业对于一些有能力的人不吝于奖励，对工作效益不高的人不能过于慷慨。

（2）建立一岗多薪的制度，每个岗位上都设置一岗多薪，体现员工在同一劳动岗位上的差别。如果员工都在同一个档次上没有体现差别，就会使优秀员工没有继续努力的动力。

（3）增加兼岗或者兼职的工资津贴，员工在经过培训考核上岗后，就可以兼职兼岗，在实现减员之后，可以提高员工工资。

对微信小程序来说，本书的 4.1.1 小节中已经讲述了小程序在开发方面的岗位配置，做好岗位配置，可以减少开发成本。而且随着小程序越来越成熟，开发成本也会随之有所降低。企业要开发出一款成功的小程序，除了开发人员以外，还需要运营人员、推广人员尽心尽职。而且运营人员和推广人员也要做好岗位配置，在合理规划的情况下做好数量控制。

另外，企业还要尽可能地留住人才，降低员工的退出成本。因为员工在退出时会造成许多成本，比如，在离职前的低效成本，离职后岗位会在一段时间内空缺的成本、新员工需要培训以及低效成本等。员工如果大范围的流失，对于公司长期发展来看，是很不利的。

为了留住这些成本，就要留住人才。一个良好的工作氛围是留住人才的第一步，其次就要为员工提供良好的福利待遇，比如，培训、保险、员工发展规划等，能够吸引到员工，使人尽其才才是留住人才的关键。

通过培训提高劳动者素质，市场竞争最终还是人才竞争，拥有人才优势，才能够占据更高的战略点，提高员工的整体素质，充分发挥员工的潜在价值，帮助企业对员工进行精简，从而降低人工成本。

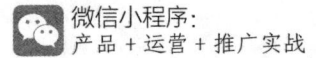
对员工进行技能培训，能够充分挖掘员工的潜在价值，从而能够提高小程序的质量，降低因质量问题造成的返工费用。劳动生产率才能够得到提高，人工成本的比率也才会随之提高。

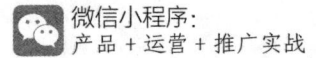4.2 小程序开发门槛低，岗位设置更精简

无论是开发出一款 APP 还是一款小程序都需要一定的开发人员，包括产品经理、程序开发人员、UI 设计师、测试专员、运营团队等，这几个职位是最为重要的部分。

与 APP 相比，小程序不需要开发出苹果、安卓两套系统，不需要根据不同机型进行调控，只需要开发出一套适合微信的版本就可以。微信小程序又给开发者提供了开发者工具，这在一定程度上又为小程序的开发提供了便捷之处。

小程序的内测号爱范儿曾用一上午的时间就开发出了一款小程序，一些平台举办的马拉松活动中，参赛团队也只在 48 个小时内就完成了一个小程序的开发。这与需要 2 ～ 3 个月才能完成一款 APP 相比，小程序的开发门槛的确很低。

总的来说，开发出一款小程序远比开发出一款 APP 要简单，岗位需要的人员也会更精简。对于微信小程序来说，可能只需要 1 个产品经理、2 ～ 3 个程序开发人员、1 个 UI 设计师、1 个测试专员就可以开发出一款小程序。

4.2.1 1个产品经理

产品经理是团队中负责小程序管理的职位，产品经理不仅要明白用户需求，确定好开发小程序的方向，还要确定好技术模式和商业模式，并且能够推动小程序的开发，协调团队各方面力量，实施相应的小程序策略以及其他相关的小程序管理活动。

产品经理对于一个团队来说具有领军的作用，对于小程序开发团队来说，

1个产品经理就可以对整个团队进行指挥。虽然小程序开发团队只需要一个产品经理，但是这个产品经理负责的承担的责任也并不少，小程序对产品经理也有着能把控全局的要求。产品经理只有满足这些要求，才能够指挥好一个开发团队，开发出一款完善的小程序。

产品经理最基础的能力就是逻辑清楚，不仅知道事情的因果，而且还要对于整个小程序链都有着清醒的认识。一个顶尖的产品经理在开发设计一件小程序时，会非常清楚自己的目标是什么，有哪些过程，针对的用户有哪些，有哪些场景等。

产品经理应该足够熟悉用户，这里说的熟悉不是对用户有多了解，而是能够推广出的用户数上，因为产品经理只有经过亲手推广，才能够知道用户喜欢的是什么，目前还有哪些痛点和痒点，你的小程序怎么做才能够吸引到他们，他们接触到你的小程序需要几个环节。只有明白了这些内容，才会真正明白用户。

在互联网行业中，经验的作用其实会被减弱，行业的细分会导致用户各有特性。很多互联网人员做工具的不会做游戏，做媒体的不会做电商，用户的习性变化非常快，仅仅凭借自己的主观判断是不可能完全掌握用户的。

产品经理既然能够在技术方面做出指挥，就必须拥有厚实的技术基础。国内顶尖的产品经理，无论是张小龙还是马化腾、周鸿伟，他们都拥有非常深厚的技术积累，思考的问题的宽度是一般人无法企及的。

一个写过代码，非常熟悉技术架构的产品经理做出优秀小程序的成功率要远比那些普通技术人员强得多。在团队进行开发的过程中，对于未来可能会出现的错误或者风险，他可能就能轻易指出来，让技术人员少走一些弯路。

产品经理必须有一定的运营经历，对数据极度敏感。在移动互联网时代，无论是做游戏、社区还是其他方面，数据都是非常关键的内容。数据虽然不能直接反映问题，但是通过分析，绝对能够分析出一定的现象，而这些现象和自己小程序将来的运营情况、是否受用户欢迎有着直接的联系。

产品经理作为团队的领军人物，身上承担的责任也会比较重，这就要求产品经理对自身要有严格的要求。小程序出现的时间并不长，产品经理要想指挥好一个小程序开发团队，自己也要加深对小程序的认识，根据以往的经验，在

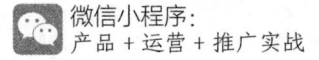
小程序上做出灵活应用，才能协调好各方面力量。

4.2.2　2～3个程序开发人员

程序开发人员是最直接负责小程序的人，他们通过调用相关的技术，开发出一款小程序。小程序的开发难度要远低于APP，因此对于程序开发人员在数量上没有强制性的要求，从目前的情况来看，2～3个程序开发人员就能开发出一款小程序。

2～3个程序开发人员就可以开发出一款小程序这是基于一定基础的，小程序只要符合微信提供的要求，在一定框架之内开发出一套系统，就可以适用不同的版本和手机，和APP需要有两个系统的团队不同，在这个程度上，小程序的开发人员就已经比APP的减少了一半。再加上微信提供了开发工具，给程序开发人员减少了开发的困难。

对于程序开发人员来说，强硬的技术是立身之本，编程开发工具是他们需要掌握的基础知识。一般来说，一个程序开发人员至少需要熟练掌握2～3种开发工具，C/C++具有高效率和高度的灵活性，是一个很好的工具，而JAVA的优势就在于自身的跨平台与Web的良好结合。如果能够掌握可视化的开发工具，如VB、PowerBuilder、Delphi、C++ Builder，那么这个程序开发者会具有更强的实力。

小程序开发的时候，在语法上使用的是HTML、CSS和JS的语法，当然这并不是小程序的本质。在思路上，小程序使用的是MVVM的结构，如果程序员之前接触过angularJS、requireJS，那么在开发的时候就会更加容易。因此，对于小程序开发人员来说，必须掌握的语法是HTML、CSS、JS。

现在很多程序的中心都是数据库中的数据，而数据库中的小程序也很多，关系型的数据库在今天仍然是主流形式。因此，对于程序开发人员来说，至少熟练掌握一两种的数据库，而且还需要对关系型数据库中的元素比较清楚。小程序对于程序开发人员的要求是必须熟悉XML、SQL、ORACLE等基本语法。

程序开发人员还需要深入掌握TCP/IP协议，如今互联网已经很普及，要想在 IT 业立足，就需要拥有对互联网支撑协议的掌握，从早期的服务器结构，到如今的 Web Services，这些都离不开以 TCP/IP 协议栈为基础的网络协议的支持。

在大型软件系统的开发中，工程化的开发设置是软件系统成功的关键，编程只是工作中的一个环节，一个优秀的工程师应该能够掌握软件开发的各个过程的技能，包括对市场的分析、小程序可行性分析、小程序结构分析、软件相关测试等。

一个优秀的程序开发人员还应该始终保持学习精神和好奇心，互联网时代新小程序层出不穷，程序开发人员需要随时学习新的知识，只有强烈的好奇心和学习精神才能鼓励开发人员有学习和掌握新知识的动力，这对于每一个程序开发人员都至关重要。

4.2.3　1个UI设计师

UI 设计师就是指从事软件的操作逻辑、人机交互和界面美观的设计工作者，因此，UI 设计师要具有较高的审美水平和较强的艺术感，能够把握住市场要求和用户的审美需求。

对于小程序来说，移动 UI 中很多设计思维和范式都可以直接用到小程序上，设计师不需要分别为 iOS 与 Android 设计不同的界面，只需要将有差异的部分进行讨论就可以了，因此，小程序开发团队中只需要一个 UI 设计师就可以完成相关的设计工作。

UI 设计师在设计小程序界面的时候应该注意，微信原生会提供一些空间，但是这些空间比较有限，只有多种按钮、Toast、开关、多选框、提示 icon、复选框和滑块等几种控件，如果想要使用其他控件，就需要设计师根据自己的需求进行开发和设计。

除此之外，微信小程序的界面风格——iOS HIG 和 Material Design 两种设计范式有很大的差异性，在设计的时候，应该严格遵守小程序设计文档中的说明和范例，以避免设计出的小程序界面不符合标准。

　　小程序的设计原则是针对小程序页面总的设计指南，这些设计原则也都基于对用户尊重的基础上，为建立微信生态，提高用户体验而建立起来的，还能够在最大程度上支持不同需求的设计，实现用户和程序之间的共赢。微信官方关于小程序的界面设计上给出的设计原则如图 4-2 所示。

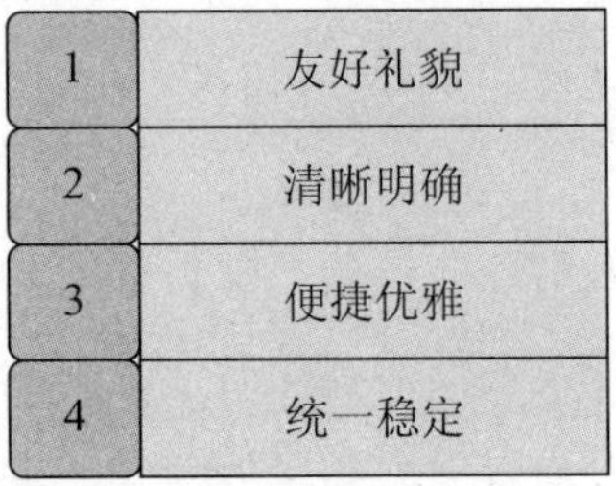

1	友好礼貌
2	清晰明确
3	便捷优雅
4	统一稳定

图 4-2　微信小程序的设计规范

　　①友好礼貌是针对用户而言，UI 设计师在设计的时候应该减少一些无关的设计元素，防止对用户进行干扰，礼貌性地给用户展示各种服务和功能，并且能够给用户做好引导操作工作。这对 UI 设计师的具体设计要求就是重点突出，在每个页面中都应该有明确的重点内容，让用户迅速理解重点，而且整个过程要具有一定的流程性，尽量避免打断用户。

　　②清晰明确也是针对用户的体验来说，当用户进入一个页面中，要清醒地让用户明白自己所在的位置，这就需要 UI 设计师设计出明确的导航，使用户可以来去自如。在遇到异常情况的时候，能够快速给用户提供提示，并告知相关的解决方案。

　　③便捷优雅是针对界面功能来说，从早期的键盘鼠标的时代到今天的移动端手指，虽然设备得到很大的改变，但是准确性却远不及以前。为了能够让用户在使用的时候更优雅，UI 设计师就需要适应这种变化，充分利用手机进行调试。

　　④统一稳定是针对微信小程序界面整体而言，不同的界面需要之间的统一性和延续性，对于不同的页面应该尽量使用相一致的交互方式和空间，减少页面之间的跳动带给用户的不适感。正是因为如此，微信官方才提供了标准的控

件，以达到稳定统一的目的。

UI 设计师的工作主要是把小程序的界面设计得更为美观、合理，因此，对于 UI 设计师来说，掌握住用户的心理和需求十分重要。在一定的规范之下，设计出美观又方便操作的界面，用户才能有一个更好的体验。

4.2.4　1个测试专员

测试专员是指根据计划和方案进行测试，并对测试项目进行管理的专业人员。微信小程序在功能等各方面比一款 APP 简单得多，因此，一个小程序开发团队只需要一名测试专员就能满足要求。

之所以对开发出的小程序进行测试，是因为小程序开发出来后，不可避免地会出现一些 bug（漏洞），一些好的测试甚至能够发现还未出现的错误，即潜在的风险。测试的最终目的就是避免错误的产生，确保小程序能够正常而高效地运行。一个优秀的测试专员不仅能够做到发现问题，更能够帮助开发人员分析问题出现的原因。

对于小程序测试专员来说，在开发过程中的主要任务就是尽可能找到系统中存在的 bug，避免软件开发完成后出现一些缺陷。另外，测试专员还要对小程序的品质进行衡量，保证系统质量有保障。最后，测试专员还要密切关注用户的需求，看系统是否符合用户需求。

小程序测试专员应该有以下几个方面的特质。

（1）有耐心。测试工作在国内主流就是手动黑盒测试，可以说是一项重复劳动，长时间的重复工作很容易产生枯燥感，十分考验测试人员的耐心。只有测试专员耐下心来才能够发现那些细小的缺陷。

（2）很细心。测试专员除了要有耐心之外，最重要的就是细心，发现问题和潜在问题这项工作本来就是一件需要集中精力来做的事情。

（3）好奇心。测试专员之所以需要好奇心是因为他们需要更多的想象力，对于一个功能，他们要发出"为什么""如果不这样会有什么后果"的想法，进而对其测试，这些往往会引导测试专员找到问题所在。

（4）良好的沟通能力。测试人员不仅要埋头于测试工作，还需要与客户、开发人员、小程序保持密切的关系，良好的沟通能力能够避免反复加工，进而控制好成本。大家在沟通中找出相关的问题之后，进行总结和归纳，形成一份具体明确的报告。

（5）理解能力和表达能力。测试专员必须具备的条件就是对于需求的准确理解，在编写测试结果的时候，表达出来的效果必须让更多人明白，不能只有自己看得懂。

（6）时间观念。测试工作也会有一定的时间限制，尤其是对于有时间交付的小程序来说，测试工作必须在交付日期之前完成，保证小程序的质量。因此，对于测试专员来说，提前做好时间规划，按照计划的日期进行测试是一个好方法。

小程序包含的内容相对来说比较少，很多小程序的功能往往具有单一性、简洁性，因此给开发团队的任务也就比较轻松了。所以，在小程序测试方面，只有一个测试专员也能完成目标。在测试中，只要测试人员按照一定的测试标准，投入足够的细心和耐心，就能够在后期减少小程序的 bug。

4.3 营销团队分工

一款小程序开发出来之后，需要有营销团队去挖掘出消费者的需求，然后从整体营造的氛围之中去推广小程序，通过深挖小程序的内涵，切合用户需求，做到让消费者深刻了解小程序并且主动使用它。

小程序的推广对营销人员有着特定的要求，比如，人员必须掌握一定的营销策划、市场运营等方面的知识，必须拥有丰富的运营经历和手段；能够准确把握住市场动向和社会热点问题，并且拥有较强的执行力；热情并且善于交际，思维敏捷，具有良好的团队合作能力。营销团队是小程序后期推广中不可或缺的一支队伍，一般来说，营销团队人员可以分为营销策划人员和市场运营人员。

4.3.1　营销策划人员

策划是一种跨学科的活动，作为一名优秀的营销策划人员应该具备一些综合能力，包括创意能力、创新能力、市场调研能力、洞察能力、组织能力、整合能力和执行能力等，营销策划人员需要对小程序联系到的各个方面进行策划。

当今获得市场最好的方法是拥有良好的创意，是营销策划人员面对着一个问题能够提出一个新颖有效的解决方案，要想做好策划，就得有创意。对于一个企业来说，营销策划人员更需要根据企业的需要，充分利用各种人力、物力、财力等企业资源。对于营销策划人员来说，创意是最基本的素质要求。

策划与创新从来都是不可分割的，任何优秀的策划都离不开创新的观点。尤其是对于移动互联网时代来说，市场变化莫测，竞争也是愈加激烈，这就要求营销策划人员需要从实际出发，不断创新才能抓住机会。营销策划人员要想策划出经典方案，就必须冲破旧观念和旧的习惯的影响，尤其是摆脱自己的畏惧心理和克服自己的习惯。

IBM 公司总裁路易斯·格斯特纳就曾利用创新能力使 IBM 取得辉煌的成绩。IBM 公司在 20 世纪 80 年代的时候发展鼎盛，位于世界 500 强的第二位，但是在 90 年代以后，由于计算机产业竞争格局发生了变化，IBM 又没有得到及时创新便开始走向衰退。路易斯在接任了总裁一职之后，认为公司最需要的就是创新，于是在上任后，对人事、营销、技术等各个方面进行了创新，经过 4 年努力，IBM 公司又重新崛起，成绩甚至超过了之前鼎盛时期。

可以看出，作为一个策划人，就应该不断地捕捉新的信息，利用新信息进行创新，才能够使企业永葆活力。在移动小程序更新迭代快速的今天，小程序想要获得用户，抢占市场，更是需要有创新能力。

市场调研能力对于策划人的价值在于，能够帮助他们分析和预测未来市场。而一个策划人最显著的特征就是能够预测和把握住历史发展的机遇，从而成为引领市场的领导者。这就要求策划人需要有战略家的眼光，能够做到深谋远虑、未雨绸缪。

移动互联网市场变化迅速，谁也不能断定下一秒会发生什么事，但是可能

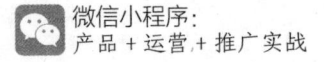
一款小程序的诞生就可能导致市场的天翻地覆，了解好市场的运营情况，并且能够做出一定的判断和预测，这对于小程序来说十分重要。

组织能力是指策划人员能够根据策划的要求，充分利用策划资源并进行有机结合的能力，其中包括对策划人员的寻找、对资料的收集、方案的制订等各个方面，通俗地讲，就是对人、物、事做好统筹安排。

策划人员还需要有洞察能力，这也是策划人员应该具备的基本素养。洞察能力就是指能够全面、正确并且深入的分析一些客观现象的能力，因为只有这样，策划人员才能找出解决问题的关键之处，保证策划具有针对性。

曾经有一位策划人这样给策划做定义：就是利用自己的头脑，对别人的金钱、小程序、信息等为自己所用，这也就是说，策划人应该具有整合能力。整合能力应该是作为一名策划的前提，因为之后利用足够多的信息，并且经过分析之后进行整合、取舍，才能够使策划活动变得更有创造性。

策划人经过一系列的分析、整合、构思之后，最后就应该采取实际活动。对于策划人来说，执行能力也是必不可少的。实际操作是把想法变成现实的关键，更是检验策划能力的关键。对于基层策划人员来说，可能会需要他们的指挥以及操作执行。

小程序在开发完成之后，还需要营销策划人员对其市场竞争力和具体的营销方法进行判断，做到把小程序被用户所熟知，并且传递到用户身边，虽然这和小程序本身的开发并不会有直接的联系，但是对于一个小程序成功的抢占市场有着不可忽视的功劳。

4.3.2 市场运营人员

从广义的角度来讲，一切围绕互联网产品进行人工干预的活动都可以称得上运营，市场运营就是通过一系列的花钱或者不花钱的形式，对小程序进行宣传、曝光、推广等活动，从而顺利地把小程序传达到用户身边，这也是市场运营人员应该完成的工作。

小程序作为一种新的小程序形态，它对营销人员的影响主要表现在以下两个方面。

（1）在小程序出现之前，很多商家为了推广平台和小程序，一般用低价、打折等手段引流。但是，这整个过程是非常烦琐的，通常需要用户首先下载APP；其次填写个人信息；最后才能进行购买。不过，很多人往往会因为浪费流量而选择不下载，有些人即使被迫下载了，卸载率也会特别高。

随着小程序的诞生，用户只需要扫二维码就可以得到自己想要的信息，既简单又方便，还不耗费太多流量；商家也不用花重金开发APP，运营和维护它；营销人员也不用去各大平台刷下载量。鉴于流量入口的变化，推广渠道也会有所变化。

总之，小程序的出现，可以让线上营销文案和线下广告展示直接通过后台大数据实时监控营销效果，从而不断优化营销策略。

（2）小程序市场还是很可观的，如果它能在短时间快速发展起来，对线上、线下引流推广的玩法会是一次颠覆性的突破。小程序能在很大范围内扩大营销场景。比如，扫一扫二维码可以结合 VR 或 AR 技术，这种互动推广很快会成为一种截然不同的体验方式；让社群推广更具多样性，因为小程序可以直接分享到社群里面。

市场运营人员考虑的无非就是小程序和用户之间的关系问题，如何把二者更好地联系起来，是市场运营人员主要考虑的问题。不过，小程序作为一种比较新的事物，在普及的时候又受微信平台的限制，在运营推广的时候难度就进一步加大了，那么如何才能做到让精准用户发现自己的小程序呢？

市场运营人员首先应该做的就是对这些用户的了解，通过"用户画像"的描述，找出小程序精准用户群。比如，一些门店点开发出的小程序，就可以以创意设计的方式吸引用户目光，举行各种门店活动，还可以用优惠活动的方式圈住用户，为后期的运营活动做准备。

小程序虽然不支持朋友圈分享，但是支持在微信群和好友之间的分享，市场运营人员在进行分享的时候，要注意不能直接去分享小程序，而是应该分享小程序的页面，如果用户感兴趣，会直接进行使用，而且不会打扰到用户。

小程序对于用户来说，可以用完就走，这对于市场推广来说，显然是不利的，因此在有了一部分用户之后，要想办法留住用户。用户第一次抵达小程序的是首页内容，因此小程序的首页内容要让用户直接了解到核心功能，并且能够满足用户的一些需求。小程序呈现给用户的最明显的就是图标和小程序的名称，图标具有创意性，名称精简有意思更容易留住用户。

让已有用户形成裂变，扩大用户群，这对于市场运营人员来说，也是需要思考的内容。在早期通过一些优惠活动已经积累了一部分用户后，需要给用户做好线上、线下的服务工作。在线上给用户提供客服功能，对用户进行及时的回复和指导，线下可以给用户使用小程序的流程做出指导。通过提供优质的线上、线下活动，从而获得良好的口碑。

除此之外，市场运营人员需要掌握一定的数据分析能力，为企业发展提供实际参考。具体来说，需要市场运营人员对用户的数据、行为习惯做出总结，能够根据一定的数据分析出用户对小程序地满意程度，或者还有什么提高的地方，为小程序下一阶段的工作提供方向。

市场运营人员是使小程序向用户传递的有利力量，也是检验小程序是否满足用户需求，如何更好地满足用户需求的保证。通过市场运营人员对小程序市场的分析，以及具体的运营工作，使小程序能够更好地满足用户需求，从而在市场上拥有自己的位置。

第5章

小程序需求设计：不能孤立做设计，要做融合

5.1　内容需求要融入微信生态

对于小程序来说，虽然它是一个独立的平台，设计出来的小程序之间也存在着独立的关系，但是微信小程序诞生于微信之中，与微信的各种功能都是息息相关的，这些小程序是微信生态中的一部分，因此需要把小程序的内容吸取融入小程序之中，在设计的时候应该融入微信生态中，而不是孤立的进行设计。

微信小程序不仅是微信生态中的重要一部分，更是衔接用户与服务、信息之间的重要载体，在设计的时候就应该考虑到生态的搭建和后续工作。小程序只有在内容上与微信功能相联系，承载用户、服务以及信息，才能够真正把内容融入微信生态之中。

5.1.1　内容要与微信的所有功能息息相关

微信小程序产生于微信内部，在设计的时候也就不可避免的和微信各方面产生联系。从小程序的内容来说，一定要和微信的所有功能有一定的关系。如果微信小程序能够利用微信的一些功能与自身相结合，就一定可以为自身的发

展提供便利之处。

首先，从小程序的两个主要入口方式就可以看出，微信小程序与微信功能之间的联系。扫一扫和搜一搜不仅是小程序的主要入口方式，还是微信一直以来引以为傲的功能，尤其是二维码扫描，微信创新性的植入这一功能，目的是逐渐使微信形成一个完整的闭环生态。在微信小程序中，再次使用二维码功能，不仅是为了构建生态圈，更是为了扩大微信线下使用场景的重要战略。

搜一搜功能源于微信内部的好友搜索，小程序之所以可以采用这种方式，一方面是用户比较了解这方面的内容，通过这种形式，用户可以快速查找到小程序；另一方面是这种方式的简便性与利于操作性。

微信最大的特点无疑就是社交性，而且是熟人社交，那么用户之间的交流功能就是微信最大的一个功能和特点。对于这一方面，微信小程序在发展探索阶段，增加了会话聊天功能，即小程序内部可以实现暂时性聊天。比如，一些电商类的小程序，用户一旦有什么问题，就可以向小程序的客服人员发起会话，二者进行交流。

还有人突发奇想，猜想可以在"熟人社交"的微信中，玩转"陌生人社交"，做一款基于点对点的随机聊天的小程序。具体设计方法如下所述。

（1）通过微信 API 收集性别、位置信息，录入用户微信号等信息。

（2）用户单击随机聊天，匹配最合适的（性别、位置、年龄、活跃度……）在线目标对象，配对并进行交流。

（3）任意一方可以随时终止聊天，并选择下一位聊天对象。

（4）配对并产生会话的双方，可在 24 小时内发送消息至另外一方；若一方想继续发送消息至另一方（或者获取更多信息，如坐标、年龄），可发送红包（或其他方式，如微信换微信）维持关系；任意双方产生金钱交易，将自动成为好友。

（5）每一个功能的背后执行默认的指令，如发红包获取对方位置，如果接受红包则自动发送位置给红包发送方（玩法很多，在这里不一一罗列）。

以上这个"一切以解决陌生人社交为基础"的小程序，想法很好，但审核肯定不会通过，因为这类小程序与微信原有业务冲突了，比如，漂流瓶，摇一

摇，附近的人等，都是陌生人社交方式。

所以，小程序的内容虽然要与微信的所有功能息息相关，但有一点还是要注意的，即不能与微信现有的业务有冲突，否则很难通过微信审核。

另外，小程序为了不影响用户之间的社交，开发了小程序显示在聊天顶部的功能，这就意味着用户在使用小程序的过程中，可以快速返回到聊天界面，或者在聊天界面中，快速进入小程序中，从而实现了小程序与微信聊天之间的便捷切换。小程序显示在聊天顶部的功能，正是受微信社交功能影响诞生的一种内容。

微信还具有一个显著的特征，那就是分享功能，在微信内部，可以实现网页链接、图片、短视频、音乐等内容的分享，这种分享不仅存在于大范围的朋友圈，还可以有针对性地分享给某个或者某些用户，这样一来，用户在社交的时候就会拥有更好的体验。

分享功能能够给用户带来良好的体验，小程序自然是不会避开这个功能的。小程序支持在微信群内部或者微信好友的分享，分享的内容可以是整个小程序，也可以是小程序中的某一个页面。小程序利用这种分享功能，可以促进小程序的推广。

以上这些功能是所有小程序在设计开发的时候都应该设置的。其实，对于微信这个大的平台，存在细化的功能还有很多，小程序不仅要满足大的框架，还要学会利用微信各个方面的功能。在符合一定的设计要求下，开发设计人员要充分利用微信提供的有利条件，才能够更便捷地创造出一款体验较好的小程序。

5.1.2 设计要衔接用户、服务和信息

在小程序出现之前，小程序完成的是对用户与信息的连接，但是对于比较深入的商业级别的服务，微信还没有达到。服务号和微信小店虽然是以服务用户为目的，但是真正达到这个目的是在小程序出现之后，小程序的出现是对用户、服务、信息这三者的融合。

人与信息的连接显然并不能帮助微信建立一个完整的生态，而且不会改变

QQ 时代的那种连接关系。小程序出现的意义对于微信来说，就是做所有服务的连接者，而这种服务又不同于 APP。虽然小程序的最初目的是服务，但是在本质上还是一个连接者，通过连接线下所有的服务，通过二维码的形式，把线下场景构建成功。对于用户来说，又不会像 APP 那样占据着用户手机的空间，用完就可以离开。

与 APP 相比，小程序更像是互联网时代的一个连接枢纽，通过传统的方式，却可以在微信内部形成一个个小的 APP，从而形成一个服务版的微信，但是这个过程可能需要付出巨大的努力才能实现。

实体店到虚拟产业真正的跨越在于场景的构建和服务行业的转型，要实现真正的服务和内容还有一定的距离。微信改变连接状态，用线下链接服务和用户，用线上连接用户，正是为了和微信生态分开，让线下服务和回归到线下，这也是微信商业的另一种尝试。

摩拜单车在进入微信小程序之后，使小程序在互联网上掀起一番轰动，因为在很多人看来，它极有可能会成为滴滴的最后一公里。摩拜单车的接入，使小程序的开发线下场景的目的更加显而易见，通过链接用户与线下服务，以及一定的信息，比如，通过 GPS 定位看看附近是否有车，扫一扫二维码用户就可以很方便地推走一辆单车。摩拜单车非常紧密的把用户、服务、信息三者衔接起来，使小程序的功能性、服务性更加明显，对于用户来说，其实际作用也是非常显著的。

一款小程序如果想要更好地为用户提供服务，就需要注重用户、服务、信息这三者之间的连接，或者说小程序就应该考虑如何更好地对这三者进行连接。对于大多数的线下场景，可以通过小程序给用户提供线下的信息，用户再通过线上的操作就可以享受到线下的服务，这样一来，小程序就实现了它的服务功能，起到了连接性作用。

连接用户、服务与信息是小程序的基本功能，也是为构建微信生态必须满足的要求，小程序在设计开发的时候，要考虑到用户与服务之间，与各种信息之间的处理关系，只有这样，才能够达到小程序的设计理念，开发出一款符合用户需求的和微信需求的小程序。

🗨 5.2　在自有 APP 中切入社交关系

有很多企业在开发小程序之前已经有了自己的 APP 产品，但是小程序的开发运营并不和 APP 发生冲突，APP 和小程序完全可以实现和谐发展。不仅如此，如果小程序利用微信的社交功能，把微信的社交关系切入自身 APP 当中，就能够为拓展自有 APP 的业务模式和范围。

以一款阅读类的 APP 为例，把其中的摘录需求和社交相结合，在摘录中做二次批注，通过不断深挖和交流，就可以把主营业务和社交相结合，既体现价值化和轻量化的特点，又能够展现微信的浪漫主义产品观。

5.2.1　内容点切入微信社交关系链

微信的社交关系链是一个巨大的宝藏，如果能够利用好这一笔宝藏，必将给小程序创造出巨大的价值。小程序可以从这个点切入，并且与微信的使用场景相配合，就能够形成一个不错的效应。

微信最初的功能就是单纯的社交功能，微信经过一定发展，具有了一定的社交关系链，尤其是熟人之间的社交关系，再加上各种公众号的兴起，这种现象就有了许多依附于微信而生的自媒体。不得不承认，微信特有的社交关系链具有潜在的开发价值。而微信的社交关系链也并不是单纯的某一种熟人之间的关系链，而是分为几个层次，如图 5-1 所示。

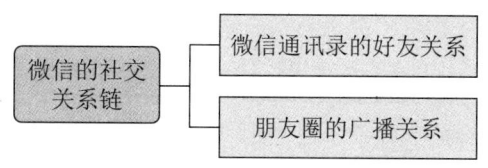

图 5-1　微信小程序的社交关系链

基于微信通讯录的好友关系，这是微信最基本的关系链传播。当用户看到什么样有趣的内容想要分享时，就可以选择转发或者分享给好友，这是一种主动推送消息的模式，传播率和打开率都比较高，但是缺点就是效率比较低，传播的速度也比较慢，更适合一对一地传播，很难达到病毒传播的效果。

基于朋友圈的传播关系并不是一种主动的推送消息形式。当用户有什么内容想要分享时，可以分享到朋友圈，其他用户需要在朋友圈打开才能看到消息，虽然到达率和打开率都比较低，但是消息的传播效率却非常高，能够实现一对多的传播，而且其他用户一旦再经过朋友圈转发，那么就很容易形成病毒式的传播效果。

这些不同的社交关系链可以发挥出不同的作用，虽然小程序已经被限制了在朋友圈内的传播，但是利用熟人之间的社交关系进行切入，也是可以实现小程序发展的，小程序在开发设计的时候应该多结合微信的社交关系链。

举一个例子，一款投票统计类的小程序，就可以从关系链入手，开发出支持多个用户使用的投票统计。用户如果想要在某个群内进行某项内容的统计，可以把这款小程序分享到微信群里，其他用户通过单击打开分享的小程序，就可以清楚地看到已投票情况，并且实现快速的投票，这样一来，这款小程序就做到了从内容上切入微信社交关系链，并且充分利用起社交关系链，实现自身的发展。

小米生态链下的小蚁科技用了几天的时间开发出一款小程序——小蚁 AI 艺术。小蚁科技是一家开发和生产运动相机和智能摄像机的公司，它原有的 APP 可以为小程序提供一些功能。小蚁 AI 艺术小程序是一款让照片的画风一键变成艺术品的应用，单击"选图"，在手机相册中选出一张要制作的图片，即可制作出一款艺术照，还可"保存"和"分享"。图 5-2 是一张介绍影片《记忆大师》的页面。

在小蚁 AI 艺术小程序上线之后，第一天就获得了三万多的使用量和将近二十万的使用次数。小蚁科技这次推出小蚁 AI 艺术小程序，并没有做任何的推广，这种效果显然就是微信强大的关系链带来的。

利用微信的社交关系链去发展小程序，带来的不仅是小程序的内容的创新，还可以帮助小程序进一步扩大传播推广效果。因此，小程序在设计开发的时候，尽量切入微信社交关系链能够为小程序的发展带来一定的便利。

图 5-2　小蚁 AI 艺术页面

5.2.2　让主营业务和社交相结合

小程序不仅能够利用微信社交关系链实现自我发展，对于自身 APP 来说，同样拥有促进作用。从自身 APP 中切入社交关系，让自身的主营业务与微信的社交相结合，就能够带动 APP 业务的发展。

曾经在微信内部风光无限的微商就是把业务与社交相结合，朋友圈成为一种推广业务的渠道，利用固定的朋友圈宣传产品，利用微信支付等功能，完成整个购物环节。在之前已经说过，朋友圈能够带来病毒式的传播，当用户粉丝一旦对有些内容进行再次推广，那么这些业务就会实现大范围的传播，这也就是为什么微商辉煌的原因。

对于小程序来说，如果能够利用小程序，把自有产品的主营业务和社交相结合，也是能够极大地促进自有产品的发展的。以一款阅读类的 APP 为例，如果把 APP 中的摘录内容需求与社交相结合，那么在摘录之中就可以实现二次交流，其用户还能够实现相互之间的交流。基于微信的社交关系，不用深挖就能够做到二者的结合，这在小程序发展的同时，原生 APP 也会得到发展。

爱范儿旗下的小程序玩物志是一个典型的电商类小程序，这个小程序就明显利用了微信的社交性。玩物志并不像淘宝、京东那样能够拥有丰富的物品，满足绝大多数人的需求，玩物志恰好是一种比较小众的应用，推荐的物品都是属于时尚型，针对的人群也比较小众。

但是可以看出，这种小众的小程序往往也具有极强的凝聚力，能够凝聚起相同爱好的人。在微信平台中，如果能够吸引到这样一群目标粉丝，粉丝数量也会很可观。玩物志如果通过构建一定的粉丝群或者圈子，这些有共同爱好的人就可以实现一定的交流，对于自身小程序的传播和推广来说，好处也是显而易见的。

因此，在设计一款小程序的时候，开发者需要看到微信这个强大的社交关系链，并且在设计小程序的时候一定和这一点有所关联，这样不仅可以促进小程序的发展，更是可以间接促进企业自有小程序的发展。

5.2.3 云阅文学小程序以新方式与粉丝互动

2016 年 11 月 18 日，张小龙在朋友圈中发了一条状态，"程序猿的一小步，程序的一大步"，其中的配图是一张手机屏幕，而屏幕中布满了二十多种小程序，而正中央的位置正是云阅文学小程序，很多人纷纷打趣，这张图对于云阅文学来说相当于价值几个亿的广告。

在内测时期，张小龙就把云阅文学小程序作为其中的一个典型，也可以看出云阅文学小程序的代表性了。其实在云阅文学小程序之前，云阅公司已经开发出了一款 APP，APP 和小程序在功能上有很大的相似性，但是在程序内测时期，云阅阅读就开发出了小程序，可见其开发小程序的决心。那么小程序的开发到底有没有对 APP 造成影响呢？

小程序不像 APP 需要下载、安装、注册、登录等步骤，也不像公众号，需要关注才能进行互动、留言以及进行点赞。云阅阅读小程序，就是一个非常完整的阅读和付费充值的网络文学场景。

云阅阅读是一个以原创小说为主的小程序，这也是它的一大特色。用户在云阅阅读小程序里，除了可以进行阅读、分享以及与公众平台进行联动之外，还可以直接和作者进行交流，这种与粉丝互动的方式是之前所没有的，可以看成是一种形式的创新。

而且云阅阅读小程序和原生 APP 相比有一个非常显著的优点，就是有着庞大的潜在用户群，这就是微信强大的社交关系链带来的优点，这样看来云阅文学小程序在市场推广方面其实有着比 APP 更大的优势，而且还更容易进行推广。

除此之外，对于云阅文学来说，还可以利用微信内部的其他条件来发展小程序，比如，通过对公众号的运营，可以吸引一定量的粉丝，再把这些粉丝转换到小程序和 APP 中，从而实现小程序和 APP 的双重发展。那么在发展自媒体的时候，就需要从读者的角度考虑，如何能够满足他们的需求。公众号的拓展，其实在一定程度上就是对小程序业务和功能的拓展，因为这二者同在微信内部，是可以实现相互发展的。

从整体上来看，云阅文学小程序的出现，对于云阅文学 APP 来说，不仅可以帮助提高品牌知名度，扩大用户群，还能够扩大 APP 的业务和内容，可以看出，小程序实际上对自身 APP 是有扶持作用的。

5.3 小程序内容需求设计注意点

企业在开发一款小程序之前，应该明白一个问题，那就是小程序并不适合所有类型的产品，比如，一些纯线上的小程序对用户来说，还需要在微信内部打开，对用户的体验并没有 APP 好，因此对于纯线上的小程序，用户的使用率并不高，而纯线下的优势并未完全体现出来。

不仅如此，有些人认为小程序在功能、界面等各方面类似于 APP，因此认为适应 APP 的内容一定适应小程序，可以直接把 APP 照搬到小程序中，进

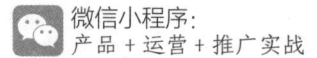
行一定的简化，这种观点是错误的，虽然小程序和 APP 有一定的相似性，但是不能够直接进行照搬，毕竟适应 APP 的不一定适应小程序。

5.3.1　纯线上的小程序使用频率不高

小程序迄今为止发展比较顺畅的场景有两个方向：一个是纯线上工具；另一个是连接线下的工具。在张小龙的定义里，任何一个工具都需要帮助用户去提高效率，高效率的完成任务，很多人认为这就是指开发纯线上的工具类服务。根据事实可以看出，纯线上的工具类小程序被用户使用的频率并不高。

对于企业来说，纯线上工具很难确定商业化方向。因为纯工具类的产品变现能力本来就很差，它们的变现渠道主要有增值类、流量类，如会员、广告等，但是这种商业化渠道在小程序中是不太可能实现的。而对于一种新的应用来说，很难获得新的用户。

小程序有一个很重要的入口就是扫描二维码，小程序团队也是一再鼓励用户通过扫描二维码来启动小程序，从而连接到线下的场景，包括张小龙在举例子的时候，也使用了大量的线下场景。因此一些人坚信线下才是小程序的主要场景，二维码作为一个桥梁，直接把线上线下连接起来，让 O2O 重新焕发了活力。

从这样的角度来看，小程序似乎更适合 O2O 模式，对于存在的线上和线下业务，线上可以用来满足用户的订阅，线下可以满足用户体验。比如，在线旅游这个典型的 O2O 模式。国内一些具有代表性的旅游公司几乎全都开发了相关的小程序，而据小程序去哪儿相关负责人的透露，去哪儿中的酒店访问量日均已经达到几千次。

和 O2O 模式相比，侧重于线上服务的小程序似乎有些冷淡。以美柚为例，美柚的相关负责人表示，美柚和柚宝宝小程序都在正常运营，而且还会进行不定时更新，并且新增了一些功能，例如，日历和专业方面的知识。但是从用户使用的趋势上来看，这些小程序的活跃度明显在下降。

究其原因，负责人表示原因可能有两种：一种是入口比较深，增加了用户的使用成本，和 APP 相比，用户更不容易找到。另一种是小程序在刚上线的时候，很多用户存在着尝鲜的心态，但是这种新鲜感消失之后，用户还是会使用原生 APP，毕竟原生 APP 能够给用户带来更好的体验。

这种分析不无道理，很多小程序在经过一段时间之后，用户使用率呈现下降的趋势：一个原因是用户的获取度比较难；另一个原因就是用户的尝鲜心态，这也是很多小程序面临的一个现象。

当然很多企业对于小程序也是抱着尝鲜的态度，大部分尝鲜的都是一些互联网公司，这些互联网公司的线下能力相对较弱，如果他们从成本上去考虑，他们会选择基于微信的线上场景。当然，这主要是小程序的最开始的工具化阶段，在经过这些公司和开发者的探索，他们会重现寻找场景化，从而使小程序更多的作为一种连接线上线下的功能。

小程序的本质是给用户提供一种更加便捷的服务，并连接到线下场景。线上已经没有太多的流量空间，但是线下仍然会有很多机会，利用场景化的运营可能会获得更大的成功。

5.3.2 照搬APP简化到小程序不太适合

小程序作为互联网新形态，既不同于公众号，又和 APP 有一定的区别，如果在开发小程序的时候，简单地把 APP 照搬和简化到小程序中，其实并不太适合。

有些人认为小程序是介于公众号和 APP 之间的鸡肋，其实有这种想法的人往往是没有认准小程序的定位。虽然很多人都知道小程序的产品理念，用完即走不打扰用户，但是很多开发者仍然把思想禁锢在对原生 APP 的开发之中，原生 APP 的设计和小程序其实有着很多不同点。

对于一些常用的 APP，可以很清楚地看到它们的设计原理，比如，绚烂的首屏欢迎页，栏目分类有很多级，底部的导航栏也有几个按钮，就连搜索框也会主动推送一些关键词，里面的功能比较丰富，有的 APP 甚至能够满足用户多方面的需求。

但是如果把这种产品理念带到小程序当中，就会发现有很多问题，小程序本身就在一个超级 APP 中，如果小程序再带有一些附加的功能，那么对于用户来说，更多的可能是累赘，小程序的限制也使这些功能并不能完全发挥作用。

因此，微信小程序应该定位于某一个功能，成为解决用户需求的单一性工具。在微信官方注册界面有一个小细节，即企业的业务资料上提示，每个企业组织可以认证最多 50 个账号。这句话可能会让很多人产生怀疑，一个企业真的会开发出这么多小程序吗？这看其起来好像很不可思议，但是可以体现出微信对小程序的定位。

对于一个中小型的互联网企业来说，全部的心思也只能开发和运营好一个 APP，因为 APP 包含的内容比较丰富，功能比较复杂，在后期维护的过程中也需要企业花费不少心血。从这里我们可以看出，一个原生 APP 可以把企业所有的产品和服务体现出来。但是小程序就不同了，一款小程序内不支持太多的内容，企业如果有很多产品和服务，要想在小程序中得到实现，就要把它们拆解开来，使每个小程序对应不同的功能，这样看来，一个企业开发出 50 个小程序也可以解释的通了。

如果企业在原生 APP 的基础上，想要开发出一款成功的小程序应该满足三个方面的原则：在功能上，小程序需要比 APP 更加单一；在设计方面，应该比 APP 更简洁；在使用场景方面，小程序需要比原生 APP 更加明确，如图 5-3 所示。

图 5-3　小程序设计应该满足的三个原则

微信的官方开发文档中，给开发者提供了一些自己的视图层描述语言 WXML 和 WXSS，以及逻辑层框架于 JavaScript，并且提供了一些基础组件和丰富的 API，以便开发者更加方便地进行开发。

这也说明了小程序和原生 APP 在本质上是不一样的，它的很多能力和组件都和微信有着密切的关系，它不需要独立的构建一个复杂的场景，只需要充分利用微信生态，成为微信生态的一部分就可以了。

从现在比较成功的小程序中，我们可以看到小程序的这些特点。小睡眠、亲戚关系等小工具是被用户使用最多的小程序，它们提供给用户的功能比较简单，小睡眠只是为用户提供有助于睡眠的声音，亲戚关系只是为用户快速找到某种关系的称呼。

这些简单和单一的功能诉求，正好被这些小程序满足，完全服务小程序的三个原则，才能够比较成功，而这种带给用户的体验和原生 APP 也是完全不同的。

不仅如此，目前市场上提供第三方服务的平台如即速应用，它们为开发者提供各种行业的小程序模板也是完全符合这三个原则的，许多技术薄弱的开发者为了能够节省成本和开发周期，也会直接选择这种小程序模板。

根据小程序的三种原则设计出来的小程序，似乎没有原生 APP 的功能强大，但是这些小程序能够更精准地为用户服务，从而获取大量用户。

5.3.3 毒舌电影社区比豆瓣评分略胜一筹

本书 3.3.1 从竞品筛选方面对毒舌电影社区和豆瓣评分做了详细介绍，本小节将从两者功能对比方面作具体介绍。毒舌电影社区和豆瓣评分都是关于电影方面的小程序，虽然定位很相似，但是从二者的功能、界面等各个方面来看，产生的效果却不一样，毒舌电影社区带给用户的体验比豆瓣评分略胜一筹。

毒舌电影社区和豆瓣评分这两款小程序基础有着很大的不同，毒舌电影社区先产生在微信公众号中，以"干死烂片"为主打口号，这个公众号拥有着大量粉丝，正在逐渐成为中国影迷的第一入口，而后又推出了 APP，小程序毒舌电影社区正是基于毒舌电影 APP 产生的，拥有其核心功能。

豆瓣评分是直接来源于豆瓣 APP，豆瓣中有很多个板块，如文学、影视、音乐等，电影只是其中一个方面。豆瓣做出的小程序就是把 APP 其中的一个分支独立呈现出来，满足用户对影视的需求。

可以看出二者的基础就有着很大的区别，毒舌电影社区小程序还是秉着原来公众号的口号，为用户挑选好片，避免用户观看烂片。而豆瓣评分则是对豆

瓣 APP 的直接抽取，其中电影的评分，依旧是采取豆瓣的评分标准，只是为
用户提供一个新场所去了解电影。

从毒舌电影社区的整体框架上来看，主要分为四大板块：新汁源、影评、
搜索和个人主页，用户可以在底部进行不同板块的切换。其中，新汁源这个板
块能够为用户提供免费观看电影的资源，而且电影比较新鲜，都是刚上映不久
的。而且，每部电影上都会有相应的评分，用户可以在这里看到豆瓣、烂番茄
等权威评分网站给出的评分，还能看到毒舌综合评分。除此之外，还可以看到
其他毒友的评分，如图 5-4 所示。

图 5-4　毒舌电影社区小程序中的新汁源板块

毒舌影评是微信公众号毒舌电影的核心内容，当然在小程序中也不能缺少，
这一部分内容和公众号有很大的重合性。不过，在小程序中可以提前看到部分
影评，这对于那些急于看到影评的影迷来说是有一定吸引力的。毒舌影评有一
个很大的特点就是敢于说真话，可以直接批评电影，这也成为它的一大特色。

毒舌电影社区的搜索功能比较简单，搜索的内容很受限制，是毒舌已有的

资源。而且在搜索的过程中，搜索框不会自动弹出下拉选项框，这一部分的功能做得有些粗糙。

小程序豆瓣评分有三大板块的内容：电影、电视剧、综艺，每一个分类下面都是当前比较热门的影视作品。在每个作品的下方都会有评分信息，用户可以一眼就可以看到影片的评分情况，如果用户想要查询到某部影视作品的评分情况，只需要单击顶部的搜索框，搜索出相关的影片就可以了，如图5-5所示。

图5-5 微信小程序豆瓣评分的主界面

在每部影片的详情页，用户还可以看到关于这部影片的基本信息，包括剧情简介、短评、影评等内容，还可以对这部影片直接标注为"想看"或者是"看过"。非常有趣的是，用户可以在明显位置看到豆瓣好友给出的评分，而且用户不仅可以用微信直接登录，还可以使用豆瓣的账号登录。

从对毒舌电影社区和豆瓣评分的介绍中可以看出，豆瓣评分就是把电影板块拆分出来，给用户提供纯粹的电影评分。但是毒舌电影社区，除了能够提供评分（包括豆瓣电影评分）之外，还能够给用户提供直接在线观看影视的机会。

而且界面视觉效果很好，让用户有一种进入电影院的感觉。

综上所述，毒舌电影社区能够给用户提供更多的功能，甚至可以说毒舌电影社区把豆瓣评分的功能涵盖在其中，所以带给用户的体验也会比豆瓣评分丰富。毒舌电影社区在小程序商店中的评分是 4.7 分，或许从这个数据中，也可以体现毒舌电影社区带给用户不错的体验。

第6章

小程序体验设计：胜在"轻"和"巧"

6.1 战略层：小程序目标与用户需求

当一件产品被开发出来，围绕着这个产品总会有两方面的问题：一个是能够通过这个产品获得什么，另一个是用户通过这个产品能够得到什么。这两个问题对应的就是产品目标和用户需求，这两个方面也就组成了战略层。

对于小程序来说，一方面，不同的小程序有不同的小程序目标定位，小程序应该做好精准定位。另一方面，小程序满足的用户需求大多是长尾需求，这些长尾需求在功能上往往具有单一性的特点，因此小程序的功能不需要很全面。

6.1.1 小程序目标定位要精准

小程序虽然比APP更容易开发出来，但是所受的限制也更多，其实从"小"这个字眼也可以看出，小程序注定只能有一定精准的定位。

小程序由于不能做太多功能，微信官方也一直向外界表示，小程序是一个轻量级的应用，这个轻量级不仅只是小程序内存小、功能简单，对于企业的特殊含义就是小程序目标有着精准的定位，小程序通过核心定位给用户提供精准

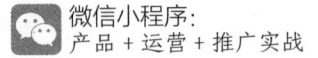
需求。

很多企业在给自己的小程序定位时，往往会这样描述：给用户提供一个更好的体验、帮助用户更好的……这些目标都过于宽泛，尤其是对于小程序来说，它们的核心功能比较突出，其他的功能也比较少，那么在这种情况下，能够带给用户的服务就更少了，一个精准的定位是很有必要的。

如果想要在太宽泛和太具体之间寻求一个平衡，就要对自己所定的目标有一个判断，即是否既能够为用户提供一定的服务，又具有自己的服务特色。

小程序"快递100小助手"是一个专门为用户提供快递方面服务的小程序，这个小程序最初是一个网页版的服务，可以在各个网站中直接进行查询，在关注相关的公众号也可以实现信息查询，如图6-1所示。

在小程序之前，快递100主要针对的就是快递单号的查询，但是，如果小程序只是简单的复制这一功能，很显然会和公众号相重复，这是没有意义的。小程序其实能比公众号提供更多的服务，因此，快递100小程序内提供的服务就不仅仅只是订单号查询，还可以进行寄件活动，满足用户的订单方面的需求。

这样的话，小程序快递100在原来基础上增添了一些功能，不会使它的小程序目标定位过于狭隘，但是总的服务内容都是围绕快递，都是在一个大范围之内，因此用户对其也有一个更清楚的认识。这样一个比较精准的定位，既能满足用户一定需求，还具有典型性，因此能够获得大批用户群。

小程序的诞生的目的是进一步的为用户提供服务，也就是说服务性是它们的本质特征，但是具体是哪一个方面的服务，给用户提供什么样的服务，是企业在开发小程序之前需要仔细考虑的问题。

图6-1　快递100小助手页面

6.1.2 功能不必全面，满足长尾用户需求

高频场景的需求已经被 APP 霸占，并且衍生出许多丰富的用户场景，但是低频场景很难支撑起一个商业项目，往往会被市场放弃。而小程序降低了开发成本，给创业者提供了很好的试错平台，有许多开发者就会愿意去做一些低频长尾的应用，虽然这些低频长尾场景提供给用户的功能有限，但还是满足了用户的低频场景服务。

小程序之所以是一个满足用户长尾需求的应用，主要还是从它的服务理念上来体现的。小程序是一款不需要下载就可以直接使用的应用，用户在使用它的时候不用担心下载安装了太多的应用。

对于用户来说，小程序满足的是核心诉求，使应用不再经过应用商店的下载、注册和登录，给用户省去了许多操作上的麻烦，让整个应用也变得更加简单。这个诉求背后隐藏的内容其实就是需求的频率和刚需程度，如果需求比较多，又是刚需场景，用户必然不会嫌麻烦，但是如果频率比较低，对于用户来说下载这样一个 APP 就成了一个鸡肋，让用户十分头疼。

比如，一个不经常出行旅游的人，在手机上安装一个携程 APP 其实就有点鸡肋，这个 APP 在平常是不会用到的，在使用的时候也只会使用到其中的一部分功能，反复下载和卸载带给用户的体验并不好。如果用户在这个场景中使用小程序，就避免了这些复杂的操作，所有问题就迎刃而解了。如今，为了满足这部分特定需求，携程开发了各类小程序，如图 6-2 所示。

可以说，小程序满足的核心就是用户的核心需求，用户的长尾需求虽然比较小众，但是如果把这些用户聚集起来，也能形成一

图 6-2 携程旗下小程序

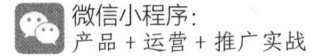

个非常大的市场。

比如，书店里的货架是有限的，摆在书架上的永远都是畅销书，冷门书籍则没有展示机会。在互联网时代，如果把这些冷门书籍进行在线分类，增加曝光率，会提升冷门书籍的销量。

小程序正是这个道理，如果小程序成为所有长尾应用的入口，就能够带来很大的收获，甚至成为小程序未来的一种威力。因此，小程序在满足用户长尾需求的时候，不必担心会没有用户使用。

小程序的出现并不是想要取代已有 APP，而是为用户提供 APP 达不到的服务，把场景填满，而且小程序本身也无法满足用户在原生 APP 中的体验。所以，小程序存在的意义更多的是作为 APP 的一种补充。

当然，对于那些低频 APP，小程序势必会带来很大的影响，因为小程序可以完全满足用户的长尾需求。对于互联网来说却未必不是件好事，通过小程序初期的危机，很多创业公司很可能会回归理性。

6.2 结构层：整体架构

在定义好小程序的用户需求，做出优先级之后，就可以对最终小程序呈现出什么样的场景有一个清楚的图像。但是这些需求还只是一个个分散的片段，并没有组成一个整体，要想使它们形成一个整体，需要对小程序构建一个结构层。

结构层分为交互设计和信息架构两层，交互设计关注的是那些影响用户执行和完成任务的选项，信息架构关注的是将信息内容以什么样的方式传递给用户。从根本上来看，两者关心的内容都是和用户有关的。

6.2.1 交互设计的便利性

在传统的软件开发行业，把为用户设计结构化体验的方法称之为交互设计，交互设计关注的地方在于用户可能的行为。小程序在进行交互设计的时候，应该追求便利性，这样提供给用户的服务也会更便捷。

对于如何使用交互组件进行工作这个内容，可以称之为概念模型，不同的小程序会采取不同的方法。对概念模型进行规划可以帮助开发者做出统一的设计决定。

举一个例子，在电商里面，会有这样一个概念容器——购物车，这个容器首先对于用户来说，是一个装东西的容器，用户可以把想要购买的东西放在里面，当然也可以从里面拿出一些东西。对于这个容器，系统必须给它提供相应功能，以支持它完成相应的服务。

如果把这种购物车的概念原型看成现实世界的另一种东西，比如，分类订货单，那么系统就会使用"编辑"来代替传统购物车中的"添加"和"移除"功能，并且用户也可以实现邮寄订单的功能，而不是用结账来完成购物。

线下小程序的概念模型都可以在网络上得到实现，企业在进行选择的时候，需要根据用户习惯的方式。使用用户比较熟悉的概念模型，可以使用户快速地了解某一个应用功能。如果想要打破这个传统，只要有好的理由，并让用户清楚地感受到这种改变的好处，就可以打破传统。用户不太熟悉的概念模型只有当用户真正理解的时候，才能发挥出作用。

虽然说不必将概念模型很明确告诉用户，但是在现实中很容易让用户产生混淆，对他们反而会没有帮助。最重要的是在交互设计当中，模型可以保持用户使用方式的一致性。如果能够了解到用户对小程序相关的想法，就能够帮助企业挑选出比较有效的概念模型。

虽然说模型能够代替实物的功能，但是也不能直接把比喻从现实中直接搬过来，电商中的购物车虽然是从现实生活中搬过来的，但是这毕竟只是个案。如果只是死搬硬套，只会给行业带来反面例子。

比如，西南航空公司就曾过度使用模型，在网站的首页有一个书桌的图片，而在书桌的旁边有一些小册子，另一个地方放着电话。虽然说电话可以预订机票，但是直接以电话的图形来代替这个功能，就显得比喻性太强，功能性被弱化。

因此，小程序在进行概念模拟的时候应该把握一个度，既能体现比喻，更能体现功能性。现在很多 APP 和小程序在账号界面上会有一个人物头像，这是告诉用户可以在这个页面中设置个人资料。这个概念模型之所以比较成功，是因为这个模型对用户能够起到指示作用，在功能上又不单单是设置头像这一个功能，而是包括所有的个人资料的设置。

小程序是处于微信内部的页面，在进行设计的时候应该以扁平、简单和轻快为主，这在一定程度上降低了对设计的要求。而对于交互设计师和视觉设计师来说，除了提高自身专业之外，用更远的视野去设计工作，全方位地考虑，不局限于比喻本身，突出小程序的功能性，才会使用户获得更好的体验。

6.2.2　信息架构的简练性

信息架构是指一个小程序所呈现出来的信息层次，通俗地讲就是这个小程序能够用来做什么。信息架构研究的是人们如何认知信息的过程，人们通过信息架构得到的信息可以判断小程序的信息是否合理。

对于一些网站来说，通过网站的自我优化可以合理组织网站的信息，以便于用户快速找到自己需要的信息。但是如果网站想要帮助用户更好地从数量中获取信息，就需要信息架构发挥作用。尤其是信息方面的内容，信息架构更为重要，这也是很多网站考虑最多的问题。

网站信息架构设计和互联网产品设计时需要关注三个方面的内容，分别是情景、内容、用户，这三个内容呈现的关系如图 6-3 所示。

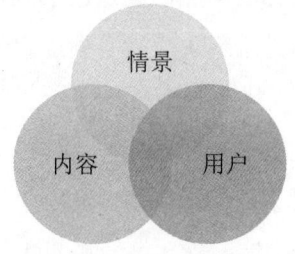

图 6-3　小程序的信息架构需要关注的三要素

　　情景包括商业目标、政治、文化、技术、资金、资源以及限制性方面的内容，所有的网站和企业网络都在一定的商业或者组织环境中，所以，首先了解的就是商业情景。这些情景的独特性是什么，应该怎么应对，然后把信息架构和企业的目标、文化等内容联系起来。

　　内容包括对象、数量、资料、现存架构等，对于企业来说，必须清楚目前内容的质量和数量，以及未来可能发生的变化。当你去观察网站的时候，下列内容就会浮现出来，用以区分信息生态的因素。这些因素包括格式、结构、所有权、数量等。

　　用户包括受众、任务、需求、体验和信息搜索行为，需要了解用户的正是信息需求和搜索行为。在现实世界中，用户的喜好和行为都会有差异，这些都会在情景中被转化为不同的信息需求和信息搜索的行为。

　　以新闻类 APP 为例，新闻类 APP 如今可谓是实现了使用场景的多样化。除了能够获取基本需求之外，新闻类 APP 也在不断满足用户的个性化需求，不再受单一的网站控制，从而使主体从网站向用户过渡，并开辟出了很多场景的可能性。

　　从信息获取方面来看，搜狐新闻客户端把精选过的头条内容放到用户打开应用的首屏中，能够使用户在碎片化的时间里，迅速获得信息。而且主要的内容都是通过 Tab 滑动来实现切换，能为用户节省不少的时间。

　　从信息梳理的方式上来看，咨讯是新闻 APP 最重要的内容，不同的 APP 在获取信息的时候都会使用不同的属性和内容，在本质上都是对信息进行的层级划分。搜狐从信息维度上进行信息梳理。在栏目细分上可以根据用户的喜好使用 Tab 标签，支持用户自由切换，其页面如图 6-4 所示。

　　在信息搜索方式上，搜狐把搜索放置在了顶部标题栏的重要位置，在搜索引擎方面，搜狐则是有着自己的搜索引擎。给用户展示的门类比较多，搜索结果仍然以新闻为主。

　　从总体上来看，搜狐新闻在信息梳理、搜索方面考虑的内容比较细致和周全，整体的信息架构比较简练，因此能够在各大新闻客户端中更胜一筹。

图 6-4　搜狐客户端页面

　　小程序在对构建信息架构的时候，在各方面和 APP 有很大的相似性，开发者在设计小程序的时候，考虑好小程序的情景、用户以及内容三个方面的东西，对其中的各种信息进行周全而细致的考虑，才能开发出一个使用户获得良好体验的小程序。

6.3　框架层：布局策略

　　小程序的框架层就是对这个小程序的整体布局，如果能够在框架层上有一个良好的策略，就一定能够使小程序有一个非常美观而便捷的布局。

　　小程序的框架层主要由三个方面构成：界面设计、导航设计和业务逻辑设计，这三个方面之间是相互独立的，并且拥有一定的相互关系。

　　界面设计能够提供给用户做某事的能力，并且使用户能真正接触到那些"在结构层的交互设计中"确定的"具体功能"。导航设计能够提供给用户去某个地方的能力，用户可以通过它看清楚"在信息架构中"确定的结构，并且可以实现在其中的自由穿行。业务逻辑设计能够使用户明白小程序想要传达的想法。

一个优秀的小程序框架层，在界面上应该有一个美观的设计，在导航上有一个便捷的设计，在业务逻辑上比较顺畅。

6.3.1 界面设计的美观性

小程序的界面对于用户来讲，能够带来最直观的体验，一个界面往往会决定用户对这个小程序的第一印象。用户渴望能够在流畅使用的同时，享受到美观的界面，美观也是小程序界面最大的追求。

界面设计需要完成的工作就是合理选择界面元素，哪一个功能需要在哪一个界面上去完成，是需要在小程序结构层的交互设计中就确定的。但是这些功能如何出现在界面中，如何被设计则是设计师需要考虑的内容。

一个成功的界面能够让用户在第一眼就能够迅速发现自己想要的东西，对于那些用户不太关心的东西，则不会被关注到。对于那些复杂的设计，在明白用户的需求之后，减少这种可发现性是最重要的。界面设计应注意的事项如图 6-5 所示。

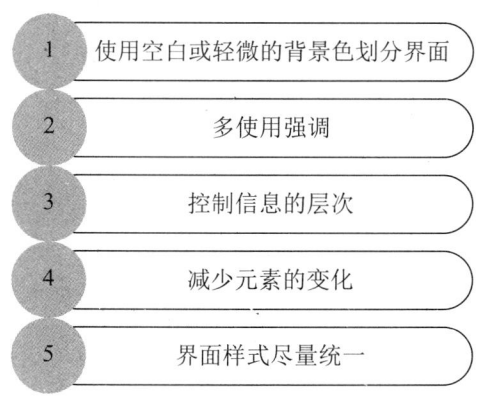

1 使用空白或轻微的背景色划分界面

2 多使用强调

3 控制信息的层次

4 减少元素的变化

5 界面样式尽量统一

图 6-5 界面设计的注意事项

使用空白或轻微的背景色划分界面，尽量不使用线条，这是因为如果线条在前景中，而空白和颜色在背景中，前景会吸引用户的注意力。如果把所有内容都放在前景中，用户的体验会非常糟糕。

尽可能使用强调，在界面中如果加粗就可以满足强调的要求，就不必对内容在加粗之后又放大，或者再改变一种颜色。使用均匀浅色的线条比较好，尽量避免粗黑色的线条。

如果界面中的信息超过三个或者是三个层次，会使用户有一种迷惑感。在这种情况下就需要少使用数字、大字体或者是加粗字体，最后的层次最好不超过三个方面，有标题、副标题和正文就可以了。

在这一方面，纽约时报的首页设计就比较合理，不同的版面之间进行的分割十分简洁美观，如图6-6所示。如果界面设计比较繁杂，很多信息都包含其中，用户就无法从中找到自己想要的东西，只会面对一堆信息而焦虑。

图6-6　纽约时报的界面层次设计

减少元素的变化，比如，要设计一款音乐方面的APP，可能会有一部分界面用来专门放置专辑封面，这个时候应该注意的是不能在界面中出现好几个大小不同的区块。因为区块太多，会导致一些区块占用其他的位置，和其他功能项相重合，用户在使用的时候会非常不方便。

比如，音乐 APP Nokia Mix Radio，就是一款非常漂亮的音乐 APP，首页由三个大小不同的区块组成，能够给予用户播放情况的反馈，并且隐藏了页面最顶部的手机方面的图标，使整个界面显得简洁且易用，给人一种独特的美感。

整个界面尽量使用一种样式，如果样式过多，会有一种花里胡哨的感觉。比如，优酷 APP 的首页推荐主要由两个部分构成：一部分是推荐内容，另一部分是最近的热门视频，这就会使用户非常清楚。

以上要求都是从整体上来看，除此之外，对于具体的内容可以有具体的要求。比如，在文字的使用上，要符合人们的阅读习惯。颜色要比较协调，不能太突兀。在动效的使用上，也要控制好度，才能起到美化的效果。

美观是界面设计不懈追求的目标，除此之外，界面设计必须满足清晰、流畅、统一的标准。一个界面只有使用户清晰地辨认它的各种功能和服务，在使用的时候比较流畅，让用户与小程序形成一个良好的互动，才会使用户在使用小程序的时候有一个良好的体验。

6.3.2 导航设计的便捷性

小程序导航设计又被称为框架设计，设计的内容就是将分类好的内容，以什么样的具体形式展现给用户。一个便捷的导航能够组织用户最常用的行为，同时能够让用户很容易就获取到界面元素。

导航设计具有便捷性的特点，方便用户使用。用户在一种应用中可以实现不同的跳转方法，导航将对用户的跳转性行为具有促进或者是引导作用。

一个优秀的导航设计必须能够清楚地向用户传达出跳转入口和内容之间的关系，如果只向用户提供一个跳转入口的列表是不可能完成上述目的的。不同的入口按钮之间的关系，功能的侧重点之间的相互差异对一个小程序来说，都是非常重要的。

导航设计还必须能够传达出具体的内容，以及与用户当前浏览页之间的关系，简单来说，就是帮助用户理解在哪一个跳转入口可以更好地执行他们的任务或者想要达到的目标。

在很多互联网产品中，导航设计有几种固定的方法，如 Tab 式导航、抽屉式导航、跳板式导航、列表式导航等几种导航方法，下面就来具体看一下这几种导航方法能给小程序的导航设计带来哪些经验。

（1）Tab 式导航目前被使用得比较广泛，很多超级 APP 都是使用这种导航方式，如微信、大众点评、携程等使用的都是 Tab 式导航方式。这种导航方式最突出的地方就是功能突出，不需要用户去寻找，非常容易被用户发现进而使用。用户可以实现在各个入口的轻松跳转。即使用户处于很深的流程之中，也可以快速返回首页。

但是这种 Tab 式导航方式也有一定的缺陷，当小程序的核心功能比较多时，Tab 式导航上就会显得比较臃肿。带给用户的沉浸式体验并不会很深，用户的使用行为很可能会被打断，导致用户不能沉浸于体验之中。

（2）抽屉式导航也是一种使用比较广泛的导航方法，菜单内容被隐藏起来，只有单击入口之后才会下拉出菜单。这种导航方式在 2011 年非常流行，如今采用的频率已经比较低，不过像 QQ、邮箱大师等应用仍然在使用这种方式，如图 6-7 所示。

这种导航布局的优点是能够给页面提供足够多的空间，让用户专注于当前的页面，从而提高用户的沉浸式体验。拓展性也比较好，侧边栏可以给用户提供更多功能入口的展示空间。

对于用户来说，学习这种界面的成本较高，尤其是刚入手的时候，用户很难发现这是一个抽屉式的导航。入口的切换需要进行二次单击，用户才能够找到想要的功能。

图 6-7　QQ 的抽屉式导航布局

（3）跳板式导航也被称为九宫格式导航，这种导航布局非常适合功能比较多的小程序。但是从目前的情况来看，采用纯粹的跳板式导航布局其实是比较少的，大多小程序都是使用与其他导航方法相结合的方法。支付宝就是典型的九宫格式导航，如图6-8所示。

图6-8　支付宝的跳板式导航布局

这种导航布局的优点是能够为用户清楚地展示每个入口，并且实现一次性展示。支付宝采取跳板式导航布局可以实现用户在第一时间进行选择，无论是充值还是转账，不需要多次跳转，就能够快速使用某项功能或服务。

当然，这样的布局很容易使重点功能不够明确，各个入口之间的跳转不灵活。如果用户想要使用某个路径较深的功能，就不能快速地跳转到任务界面中。

（4）列表式导航就是把入口或者是内容按照列表的样式，展现在页面之中，它比较适合内容型的小程序，比如，网易新闻类。这种导航布局的内容层次非常清晰，一次性可以加载出的内容比较多，当然这样一来，重点就无法凸显了。

小程序和APP相比，在功能上会比较少，界面设计肯定会更加简单，但至于适合哪种导航布局方式，需要根据小程序的实际情况和具体内容而定。不同的小程序适合的导航布局也不太相同，但是它们共同的目的必须是通过一定的导航布局使界面更加简洁，用户在使用的时候更方便。

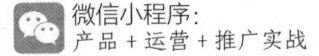
6.3.3 业务逻辑的顺畅性

小程序都是在某个领域之中实现的一些特定业务，所以，任何小程序都可以分解为界面交互部分和业务逻辑部分，其中的业务逻辑是小程序的核心。业务逻辑存在于小程序内部，虽然无法直接对用户产生作用，但可以透过界面交互部分与用户进行交流，使小程序发挥作用。

对于业务层的职责，可以通过具体的例子来了解。当用户进行注册的时候，在注册界面上一般都会有手机号、验证码、密码以及确认密码，但是在 API 的接口中，一般只有前三个参数，并不会有确认密码。因此，在调用接口之前，密码和确认密码是否具有一致性需要检查清楚。

同时，还需要检查这些数据是否完整、数据是否为空、手机号是否规范等内容，所有的检查都确定无误后，就可以直接调用 API 接口了。在调用接口之后，还需要调用一次登录接口，并将用户的登录信息缓存起来，这样，用户在下次启动的时候就可以自动登录了。上述的所有处理活动都属于小程序的业务逻辑处理，这也是业务层的工作。

还有一个典型的场景，比如，一个电商类的 APP，用户想要在浏览某一个商品的时候，单击购买，APP 就会判断出用户有没有登录，如果用户没有登录，页面就会跳转到登录页面，让用户登录之后再返回到之前的页面中。或者是用户已经登录，但是已经过期，那么只要获取新的 token，就可以进行购买操作行为。这个例子讲述的也是业务层的工作，处理的正是业务逻辑内容。

通过以上两个例子可以看出，业务逻辑是对一些功能模块的设计，能够涉及关键的功能和参与者流程。业务逻辑还能够帮助各位参与者进行角色分工，帮助开发者进行小程序业务流程方面的设计。

那么如何使小程序的业务逻辑变得更加顺畅呢？对于小程序来说，要及时维护其核心业务。任何一款小程序，它的核心业务逻辑和流程都是一定的，对于一些核心的业务流程，往往也需要经过一定的运营才能保证小程序运转，比如，很多 APP 都会实现内容的更新，很多网站几乎是每天都有更新维护。

对于这些每天更新维护的内容，需要考虑到用户的期望和使用习惯。比如，对于一些新闻类的 APP，用户几乎每天都会浏览，用户希望每次都可以看到新的内容，那么就需要小程序的更新频率快一点，时间上也紧凑一点。

无论是 APP 还是小程序，总会对核心业务进行不断调整，以更好地满足用户需求。比如，小睡眠这款给用户提供多种音效的小程序，主打的是给用户提供一个安静易睡的环境。在最初阶段，小睡眠只有几种催眠声音，在发展中不断扩展，现在已有几十种的声音供用户选择。

对核心功能的不断维护和更新，不仅可以使小程序本身具有多样性，还会给用户提供更多的选择，从而使整个小程序的业务逻辑变得顺畅，用户的体验自然会更好。

第7章

项目管理："计划、实施、风控"一个都不能少

7.1　计划要全面

项目管理计划被称为项目的主计划或者总体计划，它能确定项目在执行、监控、结束等方面的方法，包括项目需要执行的过程、生命周期和阶段性等全局性内容。它是项目子计划的制定依据，能够从整体上指导项目工作的进行。

要想制订出一个全面的计划，需要对项目进行市场调研，收集整理相关资料，制定项目可行性研究报告，经过充分调查后了解到用户需求，才可能制订出一个比较全面的计划。

7.1.1　对项目进行市场调研

在一个项目做计划的时候，必须有一定的依据，尤其是对于创业者来说，最需要了解的应该是项目的市场问题。对项目进行过市场调研之后，在项目实施的时候就会有事实和依据作支撑，从而使计划也更具科学性。

市场调研的具体内容无非就是看自己的小程序或服务是否适合市场需求和用户需求，市场调研一般包括以下 5 个方面的内容，如图 7-1 所示。

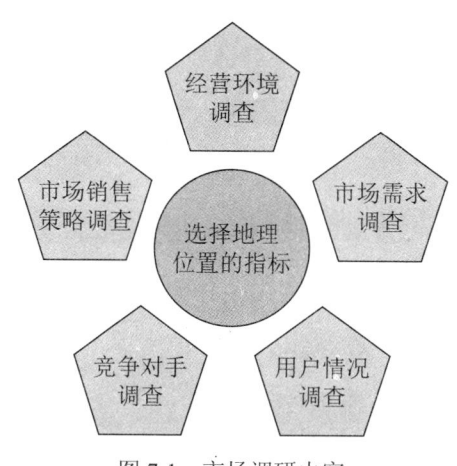

图7-1　市场调研内容

（1）经营环境调查。

经营环境调查主要是指社会环境，包括政策、法律方面的环境、小程序行业环境和宏观经济状况。在开展小程序项目之前了解自己的项目是受政府鼓励还是限制是很有必要的，对于这个项目未来的发展情况也需要有一个清晰的认识。宏观经济情况还会直接影响用户的购买欲和消费欲，对项目的制定也有一定的影响。

从小程序的社会环境来看，小程序的环境氛围还是优越的，微信官方不断给予创业者支持。国家外交部与微信共同开发的小程序12308，可以为海外公民提供服务，从这个小程序中也可以看出，小程序能拥有政策性的导向，这对于创业者来说是非常有利的。

（2）市场需求调查。

市场需求调查就是指对小程序市场需求量的调查，通过对市场的调查，能更好地为小程序进行定位。比如，用户想要开发出一款电商类的小程序，就要调研目前市场上对它的需求如何，相同的或者类似的小程序已经有多少个，市场占有率是多少。

对小程序进行市场调查还有一个非常重要的方面，就是了解市场需求的趋势。了解市场对这个产品或者服务的长期需求状况，是否能够被用户普遍认同，需求前景是否广阔，从而了解到小程序在技术和经营方面的发展趋势。

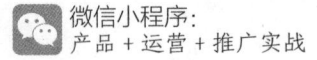
（3）用户情况调查。

用户情况调查就是对小程序针对的用户进行调查,这些用户可能是原有的,也可能是潜在的。对于用户的情况调查主要包括两个方面：一个是用户的需求调查,另一个就是对用户的分类调查。

了解用户的需求十分重要,例如,使用这些小程序的都是些什么人,他们希望能够从小程序中获得什么样的服务,小程序如何才能更好地满足他们的需求。对用户进行分类调查,就需要重点了解到用户的数量、特点和分布,掌握用户的详细资料,对用户进行分类,是为了更有针对性的调查。

（4）竞争对手调查。

俗话说,知己知彼,才能百战不殆,了解竞争对手非常有必要。了解竞争对手的情况,包括竞争对手存在的数量和规模、分布和构成、竞争对手的优缺点以及目前的运营情况。

比如,企业想要做一款外卖类的小程序,就需要从各方面考虑清楚。毕竟当今的外卖市场竞争比较激烈,已经形成了三足鼎立的局面,想在这个方面有所发展还是比较困难的。除非你能做出自己的特色,才能抢占市场。

（5）市场销售策略调查。

市场销售策略调查目的主要是了解市场上进行销售的方式有哪些,比如,销售的渠道和环节、广告宣传的方式、价格策略、促销手段等,这些能够为决策者采取决策的手段、制作策略提供依据。

市场调查按照调查方式不同可以分为访问法、观察法和试销法。

访问法就是提前拟定好调查的项目,通过面谈、信访和电话等形式对被调查者提出相关的问题,以获取所需要的资料。这种调查方法比较简单,但有时候不太正规。

观察法就是调查人员亲临现场,亲自观察用户的各种行为。在小程序中,调查人员可以亲自去使用相关的小程序,进行最直观的体验。或者对小程序的用户进行采访,了解他们对这个小程序持有的相关观点。

试销法就是针对一些不太确定的业务,进行小程序试销来对市场进行分析,然后对调查的结果进行整理分析。在整理分析的时候,首先应该确定的是小程序能不能做，如果有 80% 以上的人认为这类小程序是没有市场的，并且不会去使用，那么就应该及时收手。

对项目进行市场调研，了解到小程序面临的社会环境、市场、用户需求以及市场销售情况，并采用一定的方法进行具体的调研活动，这不仅是一个总体计划的制订，更能加深对自己小程序的了解。

7.1.2　收集整理相关资料

在经过一定的方式收集到关于市场、用户、竞争对手相关资料之后，最主要的工作就是对这些资料进行整理，整理出那些有用的数据。还要对那些无效的资料进行剔除，并对有效数据进行细致的处理和分析。

市场调研的内容比较多，收集到的资料也会比较多，这些数据都是用户对小程序最直接的需求体验，要想使这个市场调研发挥出巨大的作用，就需要对这些数据进行具体的整理和分析，一般整理分析的方法有以下四种。

（1）对于那些规范的数据按照维度进行整理和录入，然后进行建模；对于那些不规范的数据需要先通过一些定性处理，让数据变得规范，再利用工具对这些数据进行具体分析。

（2）在资料中如果遇到一些封闭性的问题，可以设置选项归类，对于那些比较开放的问题，一般的建议是先录下来，然后用头脑风暴的方法整理出有用的内容。

（3）对于一些定性的东西，比如，在调研的时候采取类似于访谈类的活动，可以进行录音，在访谈之后形成一定的笔记。在进行访谈的过程中，可以通过卡片或者其他形式，让用户做一些选择，从而能够从中获得少量的具有数据性的内容。至于其他方面，如观点性和方向性的内容，则需要在整理记录的过程中根据用户回答的问题进行归纳和整理。

（4）对于深度访谈得到的数据，在整理之后，用户可以进行头脑风暴，建立起多个用户模型，并对这些数据强行量化。这个方法在进行人群研究的时候，特别有效。

在做小程序方面的项目时，整理的内容无外乎就是关于市场、用户、竞品等几个方面的内容，对于小程序来说，最有用的内容无非就是市场饱和度，用户的需求程度和竞品带来的压力和挑战，对这些内容进行全面的了解之后，也能促进对自身小程序的了解，并且适时做出调整。

经过整理之后，得到的数据将不再混乱或者是重点不突出，还能够为制定可行性的研究报告直接提供数据。

7.1.3　制定项目可行性研究报告

对项目进行市场调查，将收集到的资料分析整理之后，就需要把市场调研制定成可行性研究报告，以最直观的形式呈现给决策者，获得决策者对这个项目的支持。

可行性研究报告是在具体制定某一个项目之前，对项目实施的可能性、有效性、技术方案及技术政策等方面，进行具体而深入的论证和评价的内容，以确定在技术上有一个比较合理的方案的书面报告。

可行性研究报告是项目立项阶段非常重要的核心文件，也是项目决策的主要依据。根据项目的大小和不同类型，项目可行性研究报告一般会有一般机会研究、特定机会研究、方案研究、详细可行性研究和初步可行性研究等几个方面的内容。

可行性报告的主要任务是对计划方案进行论证，因此必须设计研究方案，才能确定研究对象。可行性研究报告所涉及的内容和数据必须真实，不允许出现偏差，其中的内容和数据都要反复进行核实，确保内容的真实性。

可行性报告具有预测性，因为它可以在事件没有发生之前就进入研究，对可能会发生的情况、可能会遇到的问题和结果进行估计。因此，可行性研究报告必须进行深入研究，用切合实际的预测方法，科学地预测未来。

可行性研究报告还有一个特点就是论证的严密性，在报告中必须运用系统的分析方法，围绕影响项目的各个因素进行全面而系统的分析，既要用宏观的分析法，又要用微观的分析法。

不同的行业类别，可行性报告研究的内容侧重点有较大的差异，但是一般都包括以下四个方面的内容。

（1）政策可行性。主要根据国家有关政策来论证项目建设的可行性。

（2）市场可行性。主要是根据市场调查的结果来确定项目有一定的市场定位。

（3）技术可行性。主要是从项目实施的技术角度来看，设计出合理的技术方案，并进行评价。

（4）经济可行性。主要是从项目和投资者的角度，从企业的理财角度来进行资本预算，评估项目的盈利能力。

在制定报告时还要注意相关的格式和报告内容。报告具体内容一般包括项目摘要、项目建设的必要性和可行性、市场供求分析、项目单位基本情况、项目地点选择、项目建设内容、项目组织管理与运营、效益分析和风险评价、有关证明材料等。

项目可行性研究报告的编制是确定建设项目前具有决定性意义的工作，它要求市场分析准确、投资方案合理，并提供竞争分析、营销计划、管理方案、技术研发等实际运作方案，这对项目具体实施有着指导性意义。

7.2　实施要高效

做计划的目的是更好地实施，因此在完成全面的计划之后，即实施项目。实施项目是项目管理中非常重要的一部分，往往直接决定着项目的成功与否。如何高效实施项目，使整个项目顺利完成是这个环节主要考虑的内容。

一般来说，一个项目在具体实施的时候，先需要对之前做出的计划作出分析，接着再完成需求策划、找准需求，然后设计出完整的项目板块，并制订出项目的目标、计划和计划表，建立完整的项目管理信息系统，最后根据信息系统实施具体行动。

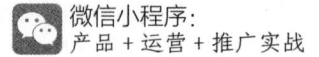

7.2.1　全面分析项目并完成需求策划

在制定出可行性研究报告之后，最重要的事情就是对这份研究性报告做出全面分析，并完成一定的需求策划。全面分析项目一般都是采用数据统计软件和数据分析工具进行分析，比如，数据分析工具 SPSS。

通常情况下，数据分析的方法一般有四种，如图 7-2 所示。

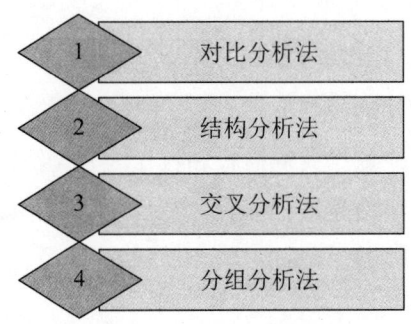

图 7-2　数据分析的四种方法

（1）对比分析法就是将两个或者两个以上的数据进行对比，通过其中的差异，找出事物发展变化规律，对比分析法又可以分为横向对比和纵向对比。

比如，在分析小程序的用户需求情况的时候，可以对不同年龄段的用户进行对比，通过对比可以找出不同用户之间的需求差异，从而对小程序进行更好的设计。

（2）结构分析法就是对总体内容和各部分内容之间进行对比分析，通过各个部分在总体内容中所占的指标，可以得出一定的结论。

（3）交叉分析法就是将两个有一定关系的变量，交叉排列在一张图表之中，使各个变量成为不同变量之间的交叉点，一般都是采用二维交叉表的形式进行分析。

（4）分组分析法就是指按照数据的特征，对这些数据进行分组分析。除此之外，还有一些其他数据分析方法，如漏斗图分析法、矩阵关联分析法等，采用什么样的方法根据具体的情况而定，才能达到事半功倍的效果。

在得出数据分析报告之后，最主要的工作就是指导产品经理进行小程序设计。产品经理可以从调研结论中得到小程序核心功能，把数据分析得到的结果加入到设计的过程中，从而加快小程序的更新换代。经过一定的实施行为，去评估解决方案是否可行，或者还有哪些需要改进的地方。

数据分析还可以得到用户的行为规律，为小程序提供依据。在小程序日常运营中，也可以发现小程序的相关问题。在小程序运营后期，需要通过一定的运营指标进行运营监控，然后对小程序进行反馈。反馈的内容包括用户的反馈、小程序的漏洞、市场的反应情况、小程序未来的发展方向和用户点击率等。

这些内容在经过分析之后，一般都会得出相关的需求结论，对这些结论做一个总结，就形成一个具体的需求策划。这份需求策划能够对项目实施有方向性意见，对计划的实施进行相关的指导。

7.2.2　系统设计完整的项目模块

在软件设计过程中，为了能够对系统开发流程进行管理，保证系统的稳定性和后期的可维护性，软件开发可以按照一定的准则，对模块进行划分。根据模块进行开发实施，可以提高开发进度，明确系统需求，并且保证系统的稳定性。

在系统设计的过程中，由于系统实现的功能各不相同，所以每个系统的需求也不会相同，这也就形成了不同的设计方案。在设计开发过程中，需求或多或少都会具有一定的联系，如果不对这些需求进行划分，就会在后期造成混乱。如果通过软件进行模块划分，可以带来以下的好处。

（1）程序实现的逻辑将会变得更加清晰，可读性也非常强。

（2）多人之间的合作会有更明确的分工，并且容易控制。

（3）对于可以重用的代码可以充分利用。

（4）可以公用的模块抽象化，并且具有很强的维护性，能够避免在同一处进行多次修改。

（5）系统运转可以对不同的流程进行方便选择。

（6）对于模块化优秀的系统，能够方便地进行组装开发，进而开发出新

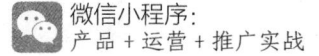
的相似系统。

很多项目设计对于模块的划分主要是基于功能来进行划分的,这样的好处就是让需求在归类的时候进行明确的划分,并且能够通过功能需求进行软件模块的划分,从而使功能得到分解,任务分配也会得到分解。

按照任务需求进行模块划分能够面向过程,利用这种思想进行系统设计,能够让人清晰地了解系统的开发流程,对于任务的分工、管理和功能各个方面在制定中也都会得到良好的体现。按照任务需求进行模块划分主要有以下四步。

(1)先分析出系统的需求,然后列出一个需求列表。

(2)对这些需求进行分类,并且把优先级划分出来。

(3)根据这些需求进行模块划分,抽取出其中的核心模块。

(4)对于核心模块进行细化拓展,并且逐层得到各个子模块,完成模块的划分。

当系统被划分为若干个模块之后,模块之间的关系就可以称之为块间关系,而模块内部的逻辑则属于子系统。但是对于模块划分也要遵循一定的基本原则,遵循基本原则进行的模块划分能够设计出更可靠的系统,并且有利于日后的维护和升级。

首先遵循的一个准则就是保证每一个模块的独立性,模块独立性就是指不同模块之间的相互联系尽可能减少,并且尽可能地减少公共的变量和数据结构。每个模块应该在逻辑上保持独立,在功能上保持完整而单一,在数据上也不能和其他模块有太多耦合。

模块之间之所以要保持独立,是因为如果模块之间的联系过多,会导致模块的系统结构混乱,层级分析会变得不清晰,从而导致有些需求和模块之间均有联系,这会严重影响到系统的设计。

在软件设计的过程中,往往需要对系统的结构进行分析,并且从中找出设计框架,通过框架来指导整个软件的设计。一个良好的系统框架能够决定整个系统的稳定性和可维护性、封闭性。因此,在进行模块划分的时候,遵循当前的系统框架结构,才能保证模块的完整性。

7.2.3 制定项目进度表

在项目进展过程中，为了能够保证在规定的时间内完成，就需要对项目制定项目进度表，具体包括项目活动的日程安排和具体的执行情况。

项目进度包括制定和控制两个方面的内容，进度包括了软件项目中最关键的理念，而项目的开发是软件项目进度的基础。制定软件项目进度，一方面要制订出一个可行而高效的计划，另一方面则是要对这个计划进行贯彻执行。

项目进度是一个动态的过程，对项目进度进行控制其实也是对动态的控制，在这个过程中需要坚持封闭循环原理，即进度控制的全过程是计划、检查、实施、比较分析等内容的封闭循环过程。

项目进度表需要包括三个方面的内容，如图 7-3 所示。

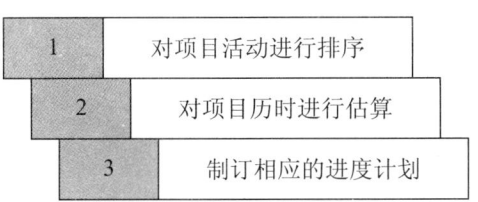

图 7-3　项目进度表需要包含的三个方面

（1）对项目活动进行排序。这个方面的内容其实确定的是工作之间的逻辑关系，活动依赖关系的确认与否会直接影响着项目的进度安排、资源调配和费用开支，对于具体的项目活动安排，主要是采用网络图法、里程碑制度和关键路径法。

（2）对项目历时进行估算。项目历时估算包括一项活动实际工作时间以及工作间歇时间，在进行估算的时候，应该注意到这一点。历时估算的方法主要有类比法，就是通过相同类别的项目进行比较，确定出不同的项目工作所需要的时间，依靠过去专家的知识和经验，对参数模型进行估算，是一种能够通过历史数据，用计算机分析确定数学模型的方法。

（3）制订相应的进度计划是决定项目活动开始日期和结束日期的关键，

根据对项目的具体分解，能够找出项目工作的先后顺序，估计出工作完成时间之后，就能够对工作安排出时间进度。随着获得的数据增多，能够对日常活动进行反复改进，进度和计划也会不断更新。

软件项目在开展过程中，会有一些因素直接对项目进度产生影响，应该找出这些因素并进行相关的分析，影响因素主要有 4 个方面。

（1）变更控制。在项目进行的过程中要注意对变更的控制，特别是在确保细化过程中，尽量不要改变工作范围。授权、审核、评估和确认是在实施过程中需要注重控制的四个点，因此应该进行跟踪和验证，确保被正确执行。

（2）客户风险。客户风险主要是在客户化的项目之中，客户行业特点、技术以及理解水平的不同，产生的风险也会不相同，因此应该对客户风险进行充分调查，尤其是要避免因为理解上出现误差使项目目标进度失控的风险。

（3）技术工具方面。以开发为主的软件方面的项目，技术和工具是不可缺少的，对于这部分的风险也要格外注意。开发平台应该找到那些适合软件开发和满足用户需求的技术和工具，避免因技术和工具上的错误导致的开发方面的问题。

（4）项目人员技能。一个项目的人员技术水平、工作效率和团队凝聚力如何都将直接影响着整个项目的开发进度。因此，应对参与项目的人员进行适时的鼓励，满足他们的需求，以提高工作效率。

在综合了各方面因素之后，项目进度表就会具有科学性，并且能够为项目的进行带来直接的指导，帮助决策者顺利开展下一步的工作。

7.2.4　建立完整的项目管理信息系统

项目管理信息系统就是指项目的管理者应对专门管理项目的系统软件，在有限的资源约束之下，运用系统的观点、方法和理论，对项目涉及的内容进行有效的管理。通过建立完整的小程序项目管理系统，能够实现项目的目标。

项目管理系统能够把企业管理中的财务管理、人力资源管理、质量管理和风险管理等各个方面进行有效的整合，以便能够高效且低成本地完成项目的各项工作。一个完整的项目管理信息系统，需要考虑成本、时间、数据等方面的内容。

大部分的项目管理系统都可以获得项目中的各项活动和资源有关方面的情况，对于人员的工资可以按照工作时间和加班来计算，而对于各种材料也会有相关的预算代码。大部分的软件程序都是按照这些内容去核算项目成本。在项目进程中，还可以对整个项目的资源成本进行分析，在计划和工作中都要用到这一分析结果。大多数的程序也都可以显示出每项任务或者整个项目的费用情况。

日常表主要是针对项目中单项或者团队的工作时间确定，可以用这些日常表计算出项目的进度情况。一般来说，对于项目的基本工作时间都会有一个默认值，比如，从星期一到星期五，早上 8 点到下午 5 点，当然除此之外，还可以根据实际情况进行修改。

对于有大量活动的项目工程，图形表格是不可缺少的一部分，人工制作出一份甘特图或者是网络图，或者是经过人工修改图表是一件很容易出错的事情。当前项目管理中，有一个比较突出的特点，那就是能够在最新数据资料的基础上更加简便地制作出各种图表。

有些项目有时候比较大，为了能够完整地建立出项目管理信息系统，就必须进行多项处理。通常是把多个项目放置在不同的文件之中，这些文件之间会有一些联系。项目管理系统还可以在同一个文件中提供多个项目，在同一时间提供上千个项目。

项目管理信息系统按照一定的准则进行排序，可以帮助用户随意浏览信息，比如，从高到低，或者是按照一定的名称。用户只要有相关的需求，就可以利用筛选功能从中快速寻找出所需要的资源。

项目管理信息系统有一个非常实用的特点，那就是可以进行假设分析，用户可以利用这一点来探讨不同的可能性。比如，在小程序项目进行到某一个环节时，用户可以进行假设：如果项目拖延三天会造成什么样的后果。这个时候系统就会自动计算出延迟对整个项目带来的影响，而且还要显示出具体的结果。

建立完整的项目管理信息系统对于企业来说，可以统一收集和处理信息，

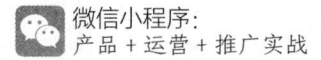

将企业的信息资源进行统一管理，并能够实现快速查询，加强企业对项目的控制。可以让企业随时了解到企业的经营状况，有利于企业对于项目发生的各种情况进行调整，从而强化企业的计划和提高工作的灵活性。

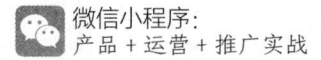 7.3　跟踪要迅速

在小程序项目实施过程中，需要对项目进行跟踪，跟踪的内容主要是计划、任务和项目成员三个方面，这是为了了解项目的实际情况而进行的。

对项目的跟踪是很有必要的，因为它能够证明计划是否可以被执行或者被完成。计划可以做出检验，计划和跟踪可以看成是一个工作循环，在跟踪中发现计划的不当之处，计划就会被适时地改进，进而促进企业的改进和完善。

项目跟踪的实施者是产品经理，产品经理有权利进行工作协调和调动。也就是说，跟踪主要是给产品经理一个工作上的参考，而跟踪的结果对于企业来说，也是最好的教材。

在对项目进行跟踪的过程中，应该保持迅速性，对跟踪出来的不完善的地方，迅速做出调整，才能够使跟踪这项活动变得更有意义。

7.3.1　及时跟踪并分析项目成本

成本是任何小程序项目中都不可缺少的一部分，成本控制能够促进项目计划的高效实施。然而想要低成本高效率地完成项目，就必须对项目的成本进行跟踪，并且进行具体分析，通过对项目成本的及时跟踪，可以使成本得到有效控制。

为了及时跟踪小程序项目成本，首先应通过预算创建和分配小程序项目摘要任务的预算资源成本，然后确定其他的资源和想要跟踪和预算的任务成本，通过输入支付费率和每次使用的固定成本，可以得到最佳的跟踪成本。

在完成对小程序项目总估计的成本后，可以对估计值进行优化，跟踪人员

可以对估计值和预算成本的所有成本进行分组。跟踪人员也可以设置出比较精准的预算成本，并且使用它和小程序项目的实际成本相比较，从而得出实际成本和预算的差别。

小程序项目开始后，需要及时更新任务的进度，即那些已经完成任务的工作量和已完成任务的百分比。通过剩余工作时间的估计成本和已完成工作时间的实际成本，就可以计算出计划成本。这一过程可以用 Project 2007 来计算，如图 7-4 所示，Project 2017 还能计算出计划和比较基准成本之间的差异，通过查看任务、资源和工作分配以及实际成本，还能进行简单的成本跟踪。

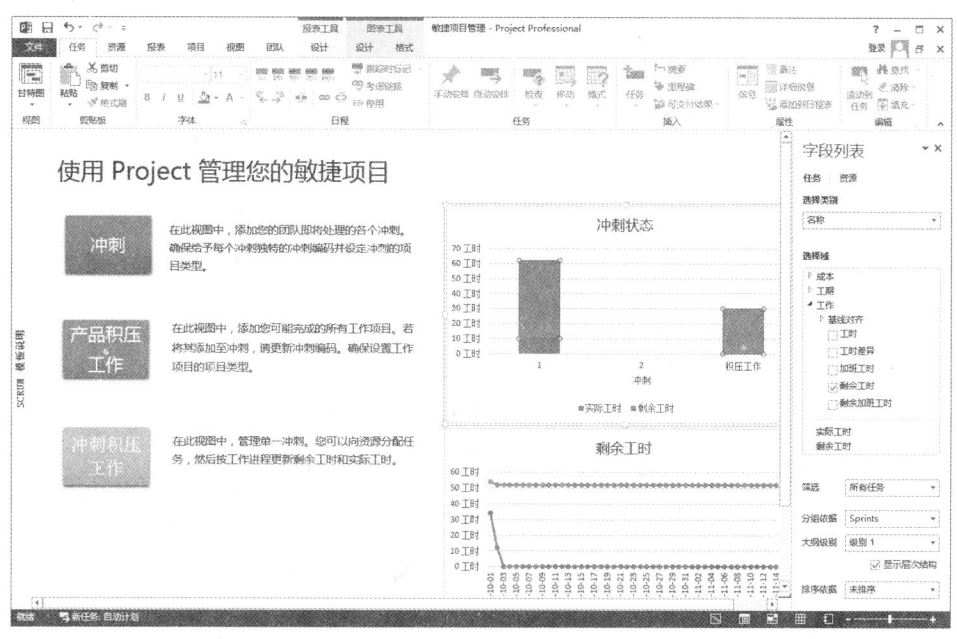

图 7-4　Project 2007 页面

通过对计划成本与比较基准成本之间成本差异的查看，就能够判断出项目是否符合预算。比如，一个项目的预算成本是 100 元，但是任务完成了一半就已经花费了 60 元，这个时候的计划成本是 110 元（当前已经花费的 60 元，加上剩下的 50 元的预期成本），那么成本差就是 10 元（用计划成本 110 元减去预算成本 100 元）。

在 Project 2007 中，不仅可以查看任务、资源和工作分配的成本，还可以查看到项目成本，项目成本通常基于更加详细的成本。Project 2007 中有多种不同的方法可以用来查看成本信息。

如果想要查看项目的总成本，直接单击项目中的"项目信息"选项，然后单击"统计信息"。如果想要查看项目的计划，比较出剩余成本和成本差异，就需要在视图菜单上选择任务工作表、视图表，计划的成本和成本字段就会显示出来。如果想要查看监控成本是否符合预算，就需要单击视图菜单中的"资源使用状况"或者是"任务分配状况"，使用这些视图可以查看目前情况的分段时间成本。

对项目的成本进行跟踪和分析，不仅能够提高项目决策的科学性，还可以对项目的设计方案进行合理优化，有助于加强项目在实施过程当中的监管工作，是帮助团队进行科学实施的关键步骤。

7.3.2　对项目各阶段信息有全局观

在对小程序项目进行跟进的时候，往往会遇到一些情况。例如，在某个具体的细节上有一些变动，但是对于整个项目来说，细节性的问题不应该摆在第一时间去处理，而是应该有一个全局观，优先处理好最重大、最要紧的事情。

如果在小程序项目进行的关键时期出现了一些小问题，这时产品经理集中精力去处理这些小问题，甚至把主要的问题放置在一旁，后果可想而知，可能导致小问题的结局不会带来实质性的提高，项目的进度反而会被拖延。

有一个具体的例子，一个技术和业务水平都比较高的产品经理和自己的客户曾经在现场待了一个月，但是一个模块都没有得到肯定。原来，客户提出的要求非常多，这个产品经理和客户一起陷于细节之中，客户不断提出问题，产品经理就不断地修改代码，结果一个星期过后，虽然累得半死，但是还在做同一个模块，因为在他看来，这个模块做不好，再做其他的模块也没有意义。

以上这个产品经理在项目实施的过程中，因为没有全局观，拘泥于小问题，因此导致进度和质量都没有跟得上，虽然很辛苦，但是客户依旧不买账。

全局观通俗地讲就是对于任何事情都抱有长远的打算，用得与失的辩证关系来看待问题。拥有全局观的产品经理能够把目光放得更加长远，并且能把握住整体利益和局部利益之间的关系，分得清主次矛盾，不会因小失大，还能够在出现问题后，做出最迅速的反应，从而使利益最大化。

那么对于一个产品经理来说，如何树立全局观呢？可以从以下 4 个方面来培养。

（1）认清局势。产品经理要深刻理解项目的战略目标，组织好局部与整体、短期与长期的利益关系，并且找到其他关键因素在实现项目战略中的作用。

（2）尊重规则。产品经理人需要有较强的制度意识，并且懂得企业在运行中的各种规则，不会因为局部的利益而轻易打破规则和已经建立好的平衡。

（3）团结协作。产品经理不仅要在项目中起领导作用，还需要倡导各个部门之间相互支援和配合，共同完成组织的战略目标。

（4）产品经理还需要有甘于奉献的精神。在明确了局部和整体的关系之后，在决策的时候要考虑大局，把企业的发展大局放在首要位置，在必要的时候，能够甘愿牺牲自我利益，换来企业和团队的长期发展。

全局观念不仅能够保证工作的正常进行，还能够调整个人和团队、整体与局部等之间的关系，更有利于一个企业的长期发展，这是一个产品经理必须具备的素质。

7.3.3　提前预防项目的各种风险

任何项目在实施过程中都会遇到各种风险，尤其是互联网产品类的项目，具有非常大的变动性，存在的风险性因素比较多。对项目的风险内容进行及时跟踪，提前去预防项目的各种风险，能够为企业降低实施过程中的风险。

软件类项目遇到的风险一般比较多，有合同风险、需求变更风险、质量风险、技术风险、人员流动风险等十几种风险情况。下面主要介绍几种常见的风险，以及相应的预防措施。

（1）合同风险是很多项目都需要考虑的一部分，预防这种风险最好的办法就是在签订之初，产品经理要全面而准确地了解合同的条款内容，尽早的和

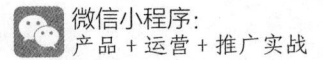
合同各方对不明确的地方进行补签。

（2）需求变更风险往往是发生之后就不可控制的，因此，在项目建立之初就应该确定好用户的需求记录，一旦用户的需求发生变化就要提出变更申请。比如，开发团队本来是想要开发一款关于餐厅用户排队信息的小程序，但是在实施的过程中，如果已经有竞争对手开发出相关的小程序，那么用户的需求就会产生变化，这个时候团队也需要重新核对需求。

（3）质量风险往往是员工在实施过程中没有达到潜在要求形成的风险，预防这种风险最好的办法就是经常和用户进行交流，采用符合要求的成本进行开发，认真对产出物进行检查和评审、计划以及独立测试等。

（4）技术风险对于软件类项目来说有着巨大的打击，要想预防这种风险，就需要对相关的人员做好技术培训工作，使员工能够灵活使用技术，从而创造出的小程序在技术上不存在任何问题。

（5）团队之间的风险，包括团队有无能力和素质高低，团队之间协作是否有问题，人员流动性怎么样。预防团队之间发生这些风险，需要挑选出合适的人员，进行针对性的培训，使每位员工都能各司其职。

（6）进度风险是项目无法跟得上预期的进度，预防这种风险最好的方法就是分阶段交付小程序、对项目增加监管力度和频率，运用可行的办法来保证工作质量上不出现问题。

（7）环境风险包括工作环境风险和系统运行环境的风险，选择好符合项目特点和满足员工期望值的办公环境能够减少工作环境出现风险，和用户签订相关的系统运行环境协议，跟进项目的实施进度，并且及时提醒用户就能够避免系统运行环境的风险。

发现项目可能会出现的风险，并且在项目建立之初就提前预防，可以在最大程度上避免掉这些风险，保证项目的顺利进行。

7.3.4　对反馈信息要及时处理

在项目实施的过程中，不可能完全符合预期，肯定会收到一些反馈信息，为了避免小程序带给用户不好的体验，应该对反馈的信息进行及时处理。

小程序一旦被投放到市场，肯定会收到各种声音，反馈信息直接展示着用户的使用情况，从而显示出小程序的竞争力如何。对反馈信息进行判断，做出相应的调整和改进工作，就能使小程序更适合用户需求。

当小程序开发出来后，面对的对象就是用户，收到的结果可能是无人问津，也可能是下载的人数很少，还有可能会一夜爆红，引起很多用户的评论和赞赏。无论用户是喜欢还是讨厌，这都是一个最直接的反馈，但是透过这些反馈信息，还是可以得出一些关于小程序的信息。

反馈信息可以说直接影响着企业下一步的动作，因此掌握准确而全面的反馈信息十分重要。反馈信息的渠道一般有四种，如图 7-5 所示。

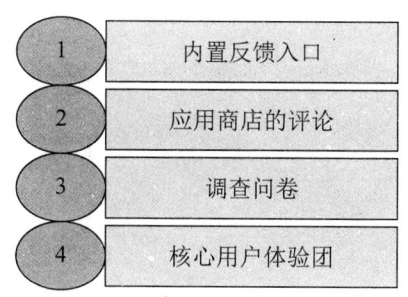

图 7-5 反馈信息的主要渠道

（1）很多 APP 都会在内部设置反馈入口，这个渠道也是很常见的。用户反馈信息对于互联网产品来说十分重要，因此很多小程序内就有反馈入口，一般都是放置在“设置”功能中。小程序当然也可以通过这个方法来收集反馈信息，这种渠道收集反馈信息比较方便，有利于联系用户，但是缺点在于不能掌握到那些流失掉的用户的反馈信息。

（2）应用商店也是很常见的一个渠道，现在小程序已经有相关的小程序商店，用户在下载的时候可以给小程序进行打分，并且进行评论。虽然这个渠道收集到的反馈信息范围比较广，留存率比较高，但是很不方便联系用户，而且收集起来也比较麻烦。

（3）调查问卷是一种主动收集反馈信息的方式，在小程序立项之前或者是有重大功能上线前后会采取这种方式。通过有关问题，有针对性地收集用户的反馈信息，但是这个渠道工作量会比较大，而且用户反馈出来的信息很容易受到外界干扰，收集到的反馈信息准确性不高。

（4）核心用户体验团是很多小程序都会采取的一个灰度测试方法，当小程序有了一定的用户之后，就可以从中筛选出一些对小程序有极大好感的用户，通过主动去联络，收集到这些用户的反馈信息。很显然，这种反馈方式得到的信息不能代表全部用户。

对于得到的反馈信息需要及时处理，最好能够做出一个项目信息反馈表，记载得到的反馈信息。对于用户评价良好的地方要继续保留，对于那些用户不太喜欢或者是体验不好的地方，应该及时进行改进，尤其是当小程序出现漏洞时，应该在第一时间进行纠正，以免影响到更多用户的体验。

第8章

小程序推广：推广有限制，更依赖新媒体

🟢 8.1 扫一扫二维码，推广更容易

扫一扫二维码作为小程序主要的入口方式之一，也是用户最容易找到入口的一种方式。小程序由于不会主动出现在用户手机里，需要用户主动找入口，那么对于各个企业来说，让用户主动去扫自己小程序的二维码，才是最好的推广方式。

由于小程序是一种连接线上、线下的工具，它往往会出现在线下各种场景之中，使用户在扫描之后在线上使用。只有把小程序二维码放置在用户的生活场景当中，吸引用户的目光去扫描才能达到推广目的。

对于用户来说，不同小程序的二维码其实都差不多，复杂的线条带来的区别一般人也不会注意，那么想要在一个小小的二维码中引人注意就需要把二维码的外观设计得更加美观，或者是在二维码旁边配上一两句文案，引起用户的好奇心，当然也可以给予用户足够的利益诱惑，使他们心甘情愿进行扫码。总之，只要能够让用户对你的二维码产生兴趣，那么推广目的自然就可以达到了。

8.1.1 二维码外观设计要美观、有创意

普通的二维码就是由黑色线条直接构成，只不过不同产品的二维码会有不

同的组合方式，为了能够让自己的二维码给人眼前一亮的感觉，现在越来越多
的企业开始在二维码上下功夫。事实证明，一款外观设计比较美观并且有创意
的二维码，总会引起用户注意。

传统的二维码都是黑白色调，如果只在颜色上做出改变，并且配合简单的
设计，就能够使一个二维码变成一个有创意的艺术品，而且还不影响手机的识
别。笔者曾在微博上看到一篇"创意让二维码更有爱，二维码惊艳的九大绝招"
的博文，此总结非常精辟，下面就来概况一下可以使二维码变得更为美观的几
种方法。

（1）缤纷色彩法。

依靠对色彩的搭配，创造出丰富的配色，取代之前单调的黑白色调，比如，
采用渐变的方式，也可以用多种颜色，并且结合企业和小程序的特点，就能够
使二维码的品牌感加强，同时能够在传统的二维码中脱颖而出。

如图8-1所示，这是游戏水果忍者的二维码，在这个二维码中，黑白线条被
五彩缤纷的水果所取代，整个二维码呈现出一种色彩缤纷的感觉，能给用户造
成很强的视觉冲击，让人挪不开眼睛，甚至让人忍不住有种"切水果"的冲动。

图8-1　水果忍者的二维码

（2）局部遮挡法。

让二维码与宣传的小程序相融合，小程序的核心因素用二维码做出局部的
遮挡，就可以构造出一个比较时尚的构图，用户在扫码的同时，还能增强对
这个小程序的印象，从而加强小程序的品牌感。

如图 8-2 所示，这是韩国一个披萨的桌牌广告，二维码的一部分用一块披萨来遮挡，使产品融入到了二维码之中。用户在看到这么一个二维码后，因为有实物的诱惑，会加大扫码的可能性。

（3）打造造型法。

对二维码进行重新构图，改变二维码之前方方框框的古板造型，配合小程序打造出任何造型，比如，一个人的身体，一棵树的形状，或者是一个不规则的形状，总之要有自己的特色。

（4）元件再造法。

图 8-2　披萨的二维码广告

传统二维码是由黑色线条作为元件，构成了一个个独特的二维码，那么在对二维码进行改观的时候，可以对其中的元件进行替换，一般都是换成自己产品中的特色因素，形成一个具有自己产品特色的二维码。

如图 8-3 所示，这是游戏《愤怒的小鸟》的二维码，砖块、绿猪、红色小鸟、弹弓，这些都是游戏中最常见的元素，用这些元素取代之前的黑色线条，形成的二维码俨然成为一个新的游戏场景，很容易就勾起老用户的回忆，从而自觉地去扫码。

图 8-3　《愤怒的小鸟》二维码

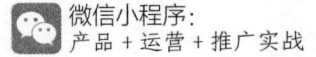
（5）主题再造法。

这种方法就是把二维码重新构造一个主题，比如，生活场景、游戏场景，增加更多新的元素，从而组成一个比较有意思的二维码，如图8-4所示。

图8-4　融入生活场景的二维码

使二维码外观变得美观的方式有很多种，最重要的还是需要有创意，融入自己的小程序特色。小程序在推广的时候，不妨把二维码和自己的小程序特色相融合，并进行适当的颜色搭配，就能够创造出一款非常有创意的二维码。

8.1.2　附一条能引发用户好奇心的文案

在互联网时代，文案的作用越来越明显，一则优秀的文案能够紧紧抓住用户的心，从而起到推广宣传的效果。如果能够在二维码的旁边附上一条能够引发用户好奇心的文案，或者引起用户注意的文案，就可以极大地提高用户扫码的可能性。

大多数用户在日常生活中可能只会看到一个冷冰冰的二维码被放置在某一处，有的在旁边附上"扫一扫，有惊喜"的字眼，可想而知，如果二维码没有一定的创意，并且没有引导性的话语，用户肯定不会对此感兴趣。

后来，有些人开始借助语言的力量来提高用户的扫码率，如"淘宝要趁早，望君扫一扫""扫一扫，黄金宝藏""有一个秘密，你不扫我不会告诉你""不扫不知道，坐垫我智造""垫上有惊喜，快来抢先扫"，这些语言都是直接进行劝导，虽然和之前相比有一定进步，但是效果还是没有提高太多。

在二维码旁配上有个性、能够引起用户注意的文案，才能让用户关注到二维码，否则用户只会用余光匆匆一扫而过，不会真的付诸行动。引起人们好奇心的文案，总会让用户采取实际行动。

如图 8-5 所示，虽然是在推广二维码，但是二维码并没有被放置在很显眼的地方，反而把故事性的场景突出出来，尤其是文案放在特别瞩目的地方。用户在看到这个场景的第一眼，马上会被这个场景吸引，并且对档案袋中的东西非常好奇，这个时候更让用户好奇的是商家的"阻挠性"文案："千万别扫，不然……"，在这行文案的下面在再加上小一号的字："不小心扫了怎么办？那就加入神秘的咖啡密探组织，获取机密线索，开启解密之旅"。

图 8-5　能够引发用户好奇心的文案

这个二维码的成功之处，就在于给用户营造出一种悬疑的气氛，在吊起了用户的好奇心之后，偏偏又压制用户的好奇心，使用户想要迫不及待地发现事实的真相。这款二维码看似很不经意的被放置在一个小角落，其实整个场景都是为了凸显它。

如图8-6所示，这是大型服装商场JCPenny的二维码，这个二维码被放置在一个红色的礼物盒上面，并配有几个大字"WHO'S your SANTA"（谁是你的圣诞老人）。原来这是JCPenny举办的特殊服务，顾客在购买了一件商品之后，JCPenny就可以为顾客定制出一个二维码，顾客在扫描二维码之后就可以输入对收件人的祝福，可以是文字也可以是语音，当然，收件人通过扫描就可以收到别人的祝福。

图8-6　商场为用户特制的二维码

在给二维码添加文案的时候，注意不需要配很长的文案，那样会消磨掉用户的耐心，用一两句简短的话语对用户进行引导，最重要的是能够吊起用户的好奇心，使他们想要主动了解。

8.1.3　给予足够的利益诱导

很多时候在用户看来，扫码这个事情如果不能给他们带来直接的利益，往往是一件徒劳的事情。如果企业给予用户足够多的利益诱导，就会使他们主动去扫码，这个效果比靠二维码来吸引用户效果明显得多。

丰谷酒业曾经推出过一次扫码活动，这次扫码给他们带来了丰厚的回报。

原来，他们推出的是扫码送金条，把不同的二维码贴在每个产品上，并且把这个活动在各大电视台、报纸、户外广告以及互联网都进行了大规模的宣传，在经过铺天盖地的宣传之后，很多用户都知道了这一活动。

后续的事实也证明，这次活动的确是取得了非常好的效果，最明显的效果就是重复购买率显著提高，很多消费者都是重复购买，而且最终的扫码率达到了 80%，给丰谷酒业的销量带来了爆炸性的提高。

当然，不是每个企业都能够有魄力给用户带来这样的诱惑，在原则上只要能够引起用户心动的利益诱惑就是成功的。比如，给用户赠送一定的礼品，这也是非常容易成功的方式。

利益诱导应该最好结合自己的小程序，针对不同的用户，给予不同的利益。比如，针对年轻人的小程序，可以附送一些可乐、雪碧之类的饮料，而针对中老年人的小程序，就可以赠送一些实用的生活用品，总之你给出的诱惑要能够让目标用户群产生兴趣。

比如，一款电商类的小程序在推广的时候，就可以通过一些非常精美的小物件来吸引用户注意，尤其是对女孩子来说，精美的小物件总会让她们爱不释手，这些虽然不是必需品，但是她们也很乐意通过一次扫码即可免费获得。

餐厅推出的小程序可以结合本餐厅的特色，告诉用餐的用户，只要扫码使用这款小程序，就可以享受几折优惠，或者是给予一定的赠品，相信对于绝大多数人来说，他们也是很愿意扫码的。

用利益来吸引用户，从而使他们进行扫码，虽然这个方法比较高效，但是需要企业付出一定的代价。因此企业要在能力范围之内进行利益诱导，并且推送的利益能够引起用户的关注。

8.2　小程序入口推广方式

除了二维码扫描，小程序还可以通过扫一扫、公众号关联或者是分享的方式找到小程序的入口。小程序的入口可以使用户直接进入和使用小程序，这个过程理所当然就可以看成小程序的推广过程，越多的人寻找小程序的入口，小程序就会得到越好的推广效果。

从这个角度来说，小程序的推广方式其实是在不断增多。在小程序刚上线的时候，扫一扫和搜一搜是两个主要入口方式，在后续的发展中，微信官方又增加了一些新的功能，比如，公众号关联，即用户可以在同一个企业的公众号中找到小程序的入口，单击就可以直接使用。

小程序目前仍处于探索发展期，它的功能也在被不断地扩大，那么在这种情况之下，未来很有可能会出现更多的入口方式。但是可以肯定的是，无论是哪一种入口方式，都可以成为小程序的推广方式。

8.2.1　微信搜索、公众号互联

微信搜索和公众号互联是继二维码之后，微信小程序两种新增的入口方式。对于小程序来说，入口即推广口，那么微信搜索和公众号互联也就成为小程序两种非常重要的推广方式。

微信搜索是一项比较简单的操作，搜索的工具依然是微信顶部的搜索栏。微信搜索栏已经是微信用户比较熟知的工具，无论是添加好友，还是寻找公众号，再或者是快速查找到目标，用户在微信搜索栏中都可以实现。微信小程序把搜索作为入口方式之一，想必也是为了方便用户快速查找到小程序。

微信搜索功能在上线后发生了一次变化，由之前的不支持模糊搜索到在一定程度上支持模糊搜索。在小程序刚上线的时候，微信搜索入口不支持模糊搜索，用户想要查找到某一个小程序，必须输入这个小程序的全称。但是很多用户面临的一个问题是，往往不清楚小程序准确的全称，因为很多企业的小程序会和之前的产品有区别，比如，美团的小程序不是美团或者美团外卖，而是美团生活。用户只有输入"美团生活"才能查找到美团的小程序，但是很多用户往往知道美团有小程序，但具体是什么名称可能说不出来。这样一来，就给用户查找到小程序的入口带来了麻烦，小程序的推广也会受到限制。

在后期发展中，微信官方也逐渐认识到这个问题，于是对微信搜索的功能进一步放大，支持模糊搜索法，即用户在搜索框里输入"美团"二字，搜索出来的内容中第一个就是"美团生活"小程序，然后是公众号，公众号文章等内容，如图 8-7 所示。这能够实现用户快速找到小程序的入口方式，可以说在一定程度上促进了小程序的推广。

图 8-7　微信搜索框

微信小程序与公众号的互联也是在小程序上线之后，根据实际情况增加的新功能。只要是由相关公众号的企业开发出来的小程序就可以和自己的公众号进行互联，在互联之后，公众号就可以成为小程序一个新的入口，公众号对小程序的推广主要通过三种途径。

（1）公众号可以自定义菜单跳转小程序，公众号菜单可以将已经关联过的小程序的页面放置到自己的自定义菜单中，用户单击后就可以打开小程序的相关页面。对于这种方式，公众号运营者可以通过公众平台进行设置，也可以在自定义菜单中进行设置。

（2）在公众号模板消息中可打开相关小程序，被公众号已经关联过的小程序页面，可以被配置到公众号的模板消息中，用户在公众号中单击模板消息，就可以打开对应的小程序的页面。

（3）当公众号关联相关的小程序时，可以给粉丝发送通知。也就是说，公众号的粉丝都会在其关联小程序的时候收到这样的一个消息通知，而粉丝单击这样的一个消息通知，就可以打开小程序。而且这条消息通知不占用原来的群发消息条数。

可以看出，在小程序和公众号互联之后，就等于多了三种入口方式，也就是推广方式。而且这些方式对于小程序的推广来说帮助很大。因为公众号在经过一段时间的发展之后，已经囊获了一批忠实粉丝，通过公众号关联，企业可以把自己小程序的入口放置在公众号内容中，甚至可以直接告知粉丝自己的小程序。那么这对于真爱粉来说，打开小程序的可能性会非常高，这样的话，小程序通过这种方式就能实现高效率的推广。

对于用户来说，公众号互联产生的多个入口可以进入小程序，能够更加便捷地使用小程序。对于企业来说，公众号互联可以实现更加精准的推广。由于公众号可以给粉丝发送的消息包括文字、语音、视频、图片以及其他信息，那么企业就可以利用这些信息使小程序的推广更加灵活。

所以，公众号互联无疑促进了小程序的推广，加大了传播力度，而且能够扩大企业品牌影响力，最重要的是降低了小程序的推广成本，这对于企业来说，可谓是一举多得的事情。

微信搜索、公众号互联这些入口方式，是小程序在不断发展中逐渐改进或增加的，而这些功能对于小程序的推广来说，无疑是有着很大的推动作用。这些功能在未来会不会有变化还不得而知，但唯一确定的是即使会变化也是对小程序有利的。

8.2.2　用户推荐给好友或微信群

微信朋友圈是一个庞大的传播口，很容易在这里形成病毒式传播。微信小程序虽然不支持在朋友圈里传播，但是支持微信用户之间推荐给好友或者是微信群，这种方式可以实现小程序的精准推广。

小程序在微信用户之间的推荐功能是上线之后就带有的功能，凭借的是微信用户之间的熟人关系。可以看出，这种推广方式虽然在传播效率上比不上朋友圈，但是在熟人圈之间进行分享，小程序的打开率会大大提升。

这种推荐方式也比较简单，当用户发现一个比较有趣的小程序后，想要推荐给好友，只需要几步操作就可以完成推荐。

以美团生活为例，用户在进入美团生活之后，单击右上角的"…"符号，就可以跳转出一个界面，选择界面中的"美团生活"，然后选择"推荐给好友"，这时候就会跳转到有用户所有的好友以及微信群的页面中，用户只要选择相应的微信好友或者是微信群，就可以实现小程序的推荐了。

值得一提的是，无论是对于微信好友的推荐，还是对于微信群的推荐，用户都可以进行多项选择，即通过一次操作就可以把小程序推荐给不同的微信好友，这样就可以帮助用户快速地实现操作。

这种推荐功能是对整个小程序的推荐。除此之外，小程序还可以把某一个页面推荐给用户，从而可以实现用户内容的精准推广。在进入相关的小程序后，单击右上角的"…"符号，在界面中选择"分享"就可以把小程序的当前页面分享给微信好友了。

对于微信好友分享这种推广方式，尤其是微信群将会成为小程序的一个重要推广方式，而且对于这一方面，可以有非常丰富的想象。

比如，一款调查问卷类型的小程序就非常适合通过微信群进行传播。微信用户想要在微信群里进行某个调查的时候，为了能够更快速地收集信息，就可以在一个小程序中设置好相关的问题，然后把界面发送到微信群中。群里的用户看到之后，单击就可以直接进入小程序的调查问卷页面，直接进行填写。

在填写的过程中，这款小程序的数据会随之变化，等调查活动结束之后，就可以得到一个完整的调查问卷结果。此外，小程序还能够对结果进行分析，让用户对结果有一个更深入的了解。可以看出，这种推荐分享的内容不是整个小程序，而是一个单独的、活的页面。

禁止朋友圈之间的传播给小程序的推广带来了限制，但是通过微信好友、微信群等熟人之间的传播，也给小程序的推广带来了很大的空间。如果企业利用好这个功能，依然可以很好地进行小程序推广。

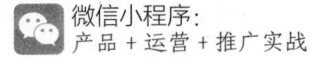
8.2.3　用奖励让其他人帮忙推广

小程序入口是小程序推广的关键，用户寻找小程序入口的过程就是对小程序起到推广效果的过程。那么对于这一过程来说，决定权仍然掌握在用户手中，企业还处于很被动的境地，企业如果在此基础上采取主动行动，用一些奖励鼓励某些人进行小程序推广，可以预料到，小程序将会在微信中得到更多的推广。

微信搜索和扫一扫推广都是完全取决于用户的入口方式，而微信好友之间的推荐或分享功能则更具有个人化，虽然说用户发现一个小程序，推荐或者分享给微信好友之后，微信好友的打开率比较高，但是这种方式的前提是需要用户愿意主动分享这款小程序，这对小程序的要求其实是非常高的。

当用户在进行分享的时候，只考虑想要把这个小程序分享给自己想要分享的人，非常的私人性和小范围性，那么小程序被推广的范围其实是很受限制的。如果企业从这个角度考虑，给予主动分享或推荐自己小程序的用户一定的奖励，对于用户来说，在玩微信的同时，只要动一动手指，就可以享受到一些奖励，何乐而不为呢？当然用户也更容易接受这个方式，并且愿意主动去分享和打开小程序。

这里做一个假设，某个小程序做出这样一个规定，微信用户只要对自己的小程序在微信群里进行传播就会有一定的奖励。比如，每发送到一个群里，微信用户就会收到来自企业一定的奖励，而微信群里每有一个新用户单击打开小程序，还会收获到一定的奖励。

APP市场的饱和不仅给APP自身的推广增加了难度，成本大大提高，也会加大小程序的推广成本。据有关人士表明，一款APP如今每获得一个新用户，至少要花费十几元的成本，有的已经上百，这对企业来说无疑是一个巨大的压力。

如果利用对微信内部的奖励功能，促进普通用户之间小程序的传播，会使这个小程序得到极大的推广。在给用户设置奖金的时候，不需要太高的酬金用户也会心甘情愿地去做推广。例如在微信上，即使是几毛钱对于用户来说，都有着巨大的吸引力，这一方面从微信红包里能够看得出。

事实上，已经有一些小程序在使用这种推广方式，结果也证明，在成本不高的情况下，也能起到极好的推广效果。

给普通微信用户适当的奖励可以让小程序在用户之间形成传播，在这个过程中，主动传播的用户会像滚雪球一样迅速膨胀起来，小程序也会在这个基础上如病毒扩散般得到极大的推广。

8.3 社交工具推广

小程序作为一种互联网产品，推广的主要渠道肯定是通过互联网，在互联网中人群比较聚集的地方无外乎社交方面，社交工具往往聚集着庞大的用户群，如果能够在这些社交工具上进行推广，那么小程序的传播范围将进一步扩大，不止于微信用户。

QQ、微博、博客这些社交工具中，会有数亿的用户群，而且用户群具有一定的差异性，比如，QQ 的低龄用户比较集中，微博、博客的高龄用户比较集中。如果让小程序在这些不同的社交工具中进行推广，那么就等于对不同类型的人进行推广，而没有重叠的用户群，推广率往往会更高。

8.3.1 QQ群、QQ空间推广

QQ 是腾讯公司开发的一款社交工具，集聊天、视频、通话、共享文件、发送邮件等多种功能为一体，能够为用户带来多种社交体验。QQ 诞生的二十多年来，积累了庞大的用户群，如果能够利用 QQ 进行小程序推广，效果是显而易见的。

QQ 具有一些明显的特征，这些特征使它利于推广。QQ 的用户群偏向于年轻化，据统计显示，"90 后"人群比较多。因此如果是针对年轻人，尤其是"90后"的小程序，更适合通过 QQ 进行推广。

QQ 的单项好友是没有上限的，只要对方添加了你为好友，就可以看到你

发布的任何动态，除非你单独对功能进行设置。这一开放性功能可以允许任何人添加你为好友，从而能够快速实现吸粉引流。当然 QQ 群的推广效果要甚于这种单项添加好友的能力。

小程序如果想要利用 QQ 群进行推广，首先应该加入合适的 QQ 群，并且和群主搞好关系。因为群主如果把你设置成管理员，就可以让更多的人加入，大家可以在一起讨论沟通。因此，搞定群主，是首先应该开展的工作。

在推广人员加入了一定数量的 QQ 群之后，就可以在群内进行推广了。但是需要注意的是刚加入群的时候先不要直接宣传小程序，因为这样很可能会被管理员踢出群，也会被群好友当成病毒而不屑一顾。这种广告嫌疑非常明显，因此推广的效果也会极差。

最有效的方式就是对 QQ 群内的所有好友发出相关的小程序链接，当然除了管理员，这是为了防止管理员把你踢出群。你还可以在群里混个脸熟，比如，经常在群里发言，让群友对你产生熟悉感，之后再继续推广小程序，这样一来，对于其他人来说，你的可信度就会大大增强，得到的有效用户也会比较多。

QQ 空间也是 QQ 中非常具有特色的一部分，QQ 空间的开放性也非常强，非常容易吸引人气，适合塑造一些形象和信誉。而且 QQ 空间的开放性比朋友圈大很多，无论是谁都可以看到相关的内容，非常方便对用户进行精准定位。一般来说，可以利用这三种方法在 QQ 空间里进行推广。

（1）QQ 空间里的功能更加丰富，QQ 空间中的功能包含的比较多，有说说、留言板、个人档、相册等，推广人员可以重复利用这些功能，比如，多刷几条说说，多分享几个自己的生活场景，并且把握好发布时间。

（2）空间日志非常体现价值，根据之前的经验和知识积累，可以发布一些内容精彩的软文，再搭配上一些图片、视频等内容，使这篇软文更具有吸引力。

（3）多刷日志的阅读量和评论，当然也可以请其他人帮忙，需要注意的是，对于这些评论不能太浮夸，这样很容易被别人看出来。评论越多，就会有越多的转化率，所以可以通过评论来引起用户的共鸣。

除此之外，QQ 中的游戏是一大特色，游戏在这里的发展比较兴盛，用户可以在游戏内进行营销和推广，通过巧妙的插入方式既不会打扰到用户，影响用户的体验，还能起到宣传小程序的效果。

总之，利用 QQ 这种社交工具进行推广，需要注意的是要结合 QQ 和 QQ 用户的特征，把小程序适宜地融入其中，才会不给人很生硬的广告插入的感觉，从而能有一个比较好的推广效果。

8.3.2 微博、博客推广

微博和博客作为一个社交网络平台，拥有的用户群也非常可观，而且在这个平台中每个人都可以参与其中，每一个人也都可能成为潜在的营销对象。企业可以利用微博和博客这种开放性平台，向用户传递自己的小程序信息。

小程序的企业或者个人开发者首先可以在微博上注册一个加 V 账号，由于发送的微博可以面向所有人，因此可以利用精彩的内容来吸引用户，从而引起他们对小程序的关注。微博的内容需要每天适当地进行更新，每天发送 1～2 条就可以了，过多或者过少都会起到相反的效果。

虽然说微博上有着数亿的用户群，但是如果想要把这些群体变为自己的粉丝，凭借的完全是有吸引力的内容，高质量的内容才会引起用户的关注。在微博上，如果想要获得很多粉丝，要么有专业知识，要么有足够的娱乐天分。

比如，一个关于健康的小程序，在微博上进行推广的时候，就可以每天发送一些关于健康的小知识，或者是关于这个健康类小程序的一些新内容，也可以转载一些相关方面的高质量的文章。这样一来，这个微博账号就具有专业性的特点，往往也能吸引到粉丝的关注。

如果微博能够有自己的特色，也会帮助用户记住你的品牌。微博有一个很大的特点就是互动性，即使是一些企业微博，对待用户最好不要用官方的形式，这种方式已经落伍了，要能够和粉丝打成一片，并且具有自己独特的微博风格，往往能够引来围观。

在博客上的推广形式和微博相似，这里就不再具体说明。除了企业自己管理微博之外，推广速度最迅速、范围最广的一种方式就是利用微博红人来进行推广。

微博红人往往具有上百万甚至上千万的粉丝量，他们庞大粉丝量的影响力是非常大的，他们发出的每一个微博都会有几万甚至几十万的评论。在这种环境之下，如果利用他们的口吻，发出一条关于小程序的推广，可想而知，会有更多的人看到并且会有更大的热情去关注这个小程序，这就是偶像的力量。

微博、博客这种开放性的社交平台，能够带给推广者更多的想象力。如果能够在有一定影响力的氛围中推广相关的小程序，就会使小程序得到有效推广。

8.4　百度、论坛推广

除了社交工具之外，还有一些开放的平台聚集着大量的用户群，只要是你的内容足够有趣，就绝对可以自发吸引到一众人的关注。因此在这种平台上进行软推广，不仅不会让人觉得有广告的嫌疑，还会带来比较有效的推广。

百度由于强大的搜索功能，聚集了庞大的用户群。在此基础之上，百度其他方面也被发展起来，比如，百度知道、百度贴吧，这些都成为很多用户聚集的场所。而论坛以其独特的交流方式，可以把有共同兴趣爱好的人聚集起来，从而可以形成一个有利于推广的大平台。

8.4.1　百度知道、百度贴吧

很多人遇到问题都会在百度知道上进行搜索或者提问，百度贴吧也成为一群有着共同兴趣爱好的人的聚集地。用户群多了，推广也很容易奏效，所以百度这两个平台都是非常好的推广平台，能够起到一定的营销效果。

出于习惯，很多用户都喜欢在网络上寻找答案，比如，在百度上搜索"修电脑"，如图 8-8 所示，就会搜到 21 500 000 个网页，排在靠前位置的几乎都是广告。这么多网页用户往往会选择从前往后来看，而排名第一的位置往往具有最高的浏览率。因此，如果能够利用好这个关键词，就可以帮助我们完成其他目的。但是想要提高百度知道的排名，是需要一些技巧的。

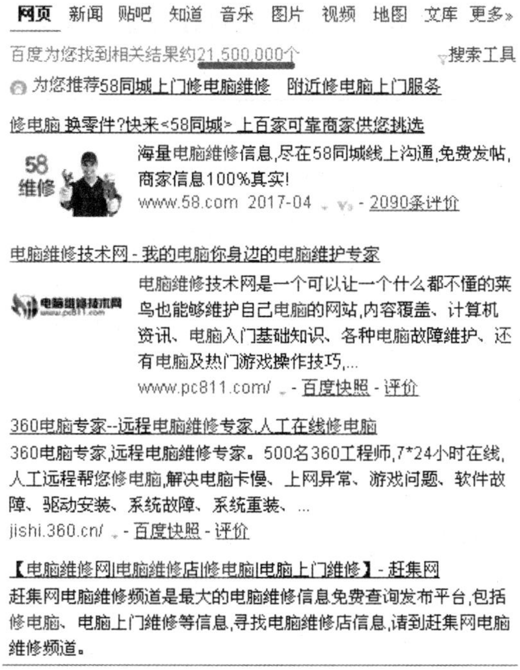

图 8-8　关键词"修电脑"的搜索结果

一般来说，标题如果和关键词的相关性比较近，获得的匹配效果就会比较好，而百度知道是好评越多，越能够提高排名，所以可以多请人来刷好评。

比如，利用百度知道来推广一款小程序，这款小程序是比较轻量级的、比较有趣的小应用，那么可以选择的关键词可以是"小程序推荐""有趣的小程序"等，标题中包含这样的关键字，就可以使这篇文章在搜索的时候得到更靠前的名次。

以上这种推广方式比一般的直接花钱去做竞价排名，或者是 SEO 要好得多，而且不需要花任何费用，只需要用心和坚持。

在百度贴吧里有很多都是广告帖，但是太直接的广告很容易被删除，这时可以采用软文的形式进行发布，比如，涉及的内容有热点新闻、幽默笑话、生活常识等方面。而在这些软文中，不经意地把广告植入进去，使贴吧的用户能够在欣赏软文的同时，还能够无意识地接收到广告推广。

当然，除了这种形式之外，贴吧里还专门开设有广告专用帖，推广人员只要输入需要发布的广告内容，就可以直接进行提交。

但是在百度贴吧发帖的时候，应该注意一些事项，并不是人数越多的贴吧就越适合发布文章。很多人抱着侥幸的心理，觉得自己的帖子不会被删掉，但是群众具有强大的力量，如果在这种贴吧里发广告，很容易被吧友举报，一旦内容被举报，之前成功发送的内容就会变成无效的，这样就得不偿失。

在写好相关的软文之后，很多帖往往还会加上外链，利用贴吧的导入功能，会使得外链的点击率比较高。但是如果过多的发送链接，就会被百度内部的链接收集系统察觉到，推广人员发送的链接就很容易被拉入垃圾池，之后就不能再发送链接了。但是如果使用第三方短域名进行跳转，就不用担心这个问题了。

无论是百度知道还是百度贴吧，做好前期的工作之后，后期还需要维护。持续的发帖可以使贴吧保持热度，对关键词进行及时改进，对答案进行及时补充，还能提高百度知道的排名。所以，这种推广方式不是一蹴而就的，需要长期的坚持。

8.4.2　天涯、网易论坛推广

天涯、网易这类论坛往往具有很强的吸引力，不同的部落会集着不同的用户群。通过在论坛中发布软广告，小程序能够获得一个更为宽广的推广途径。

想要在论坛中进行推广，一般先需要通过搜索引擎收录相关的论坛，比如，在天涯、网易论坛，可以通过关键词搜索。再把收集到的论坛花几天时间整理，比如，每一个论坛都要注册至少一个 ID，而 ID 的命名最好与论坛的主题是有关系的。之后先不要发帖，而是注册一些马甲。

接下来需要用心编写需要推广的内容，先用记事本或者是 word 保存好，之后就可以在不同的论坛上进行发帖。根据不同的论坛情况，需要对帖子的宣传语做一些区分，并且记录好帖子的网址，方便下一次进入。

之后的时间就需要对这些帖子进行维护了，如果帖子沉底，就要及时用马甲去顶。这样在坚持一段时间之后，就会有效果。在论坛中发帖最忌讳的就是刚注册完新 ID 就去发广告，这样很容易被删帖，所以刚开始的那段时间，大家要耐着性子，过多的是为后期的宣传做准备。

利用帖子进行推广，最重要的莫过于帖子内容了。一般优秀的推广帖子不会直接向用户打广告，而是采取"讲故事"的形式，这里的讲故事是指用一个故事的形式来吸引论坛用户的注意，然后用故事情节抓住用户的心，把需要推广的内容"捎带"着提一下。这样一来，看起来主要目的是在叙述一件事情，实际上整个文章都是在为广告服务，这种方法还不容易被用户察觉到广告性质。

比如，曾经有过一篇软文，叫作"老公，别让你的专业变成伤害我的工具"，这篇文章充满悬疑的气氛，以第一人的口吻，介绍了自己的老公利用一款语音控制软件对电脑进行语音控制。在这篇文章中，虽然通篇都在写自己的老公行为如何怪异，但是整个剧情都离不开一款语音软件，文章中也把这款软件的功能介绍得很清楚。

这篇文章最大的成功之处，就在于用户看了之后，会主动去了解这款软件。去证实这款应用是否如文章中所说的那样神奇。这样一来，这款应用就会得到极大的推广。

帖子的内容质量很重要，主题其实更重要。网友浏览帖子的速度非常快，因此主题往往是决定他们要不要浏览整个帖子的主要因素。耳目一新的主题总会想让用户去了解，因此对于时下互联网发生了什么事，流行什么样的主题，论坛网友关注哪个领域，一定要有所了解。但如果只是标题党，让论坛用户有一种被骗的感觉，那么用户往往不能原谅你。

在天涯、网易等论坛中，发一些能够引发网友关注的帖子，在帖子中巧妙地加入自己的小程序，就能够扩大小程序的知名度，促进小程序的推广。

8.5　其他推广方式

小程序作为一种新的形态，不像APP那样被绝大多数的人群所熟知。因此，在推广的时候企业不仅要宣传自身小程序，还要宣传小程序这种新生态，只有更多的用户能够接受这种新事物，才会使用它。

小程序的推广方式除了二维码及其他入口方式、社交工具、百度和论坛之外，还有一些其他的推广方式。比如，与第三方营销平台合作、进行线下活动推广等，这些活动能够在合适的推广之下促进小程序的曝光率。

8.5.1　与第三方营销平台合作推广

小程序的上线虽然给开发者带来了许多的期待，但是也对小程序的流量入口做了非常严格的限制。不过，通过与第三方营销平台合作能够为小程序的推广做出一定贡献。

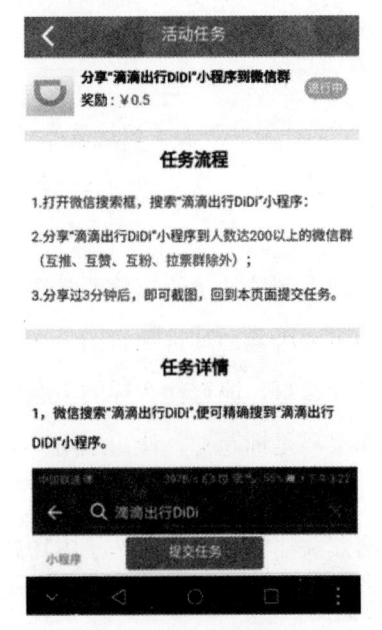

图8-9　第三方平台转发客的推广方式

转发客正是一家第三方营销平台，这家平台之前帮助小程序滴滴出行做过一波推广。如图8-9所示，这是转发客给小程序"滴滴出行"做的推广，用户只要完成一定的任务，就可以享受到一定的奖励。

在任务中可以清楚地看到这样的规则，分享到微信群中，会有0.5元的奖励，用户在分享过后截图发送给平台就可以获得奖励。这种方式能够发动微信用户集体的力量，实现的传播范围要远比微信群大得多。这种方式在短时间内，就使得滴滴出行小程序迅速传播，从而使品牌进一步曝光。

这种推广方式其实和之前说过的用奖

励的方式让其他人帮助转发有一定相似之处，只不过这里是通过第三方营销平台从中进行协调，小程序运营者不用为这些事情的具体细节分心，整个推广过程直接由第三方负责。

转发客是在微信平台的基础上开展的广告展示渠道，即通过微信好友这些人脉关系，进行分享的移动社会化推广平台。目前，虽然微信对小程序营销有一些限制，但是通过与第三方营销平台的合作，也能够快速获取流量，这也是一种比较高效率的推广方式。

8.5.2　线下活动推广

线下活动这种推广方式很多人并不陌生。在互联网还没有兴起的时候，很多企业都是靠着线下活动推广对产品和品牌进行宣传的，虽然说互联网的普及使线上推广日益兴起，但是线下活动仍然是企业不可忽略的一个重要推广方式。

并不是只要进行线下活动推广，就能带来很好的推广效果，尤其是对于互联网产品来说。互联网产品在进行线下活动推广的时候，不同产品往往会有不同的需求，不同的地推方式也会带来不同的效果。所以，企业可以根据自身小程序特性选择不同的地推方式，从而更好地宣传推广自己的小程序。

在线下活动推广中，主要有几种推广方式，如实体店的推广、各种活动的推广，特殊地点的推广（如车站等）等，不同的小程序应该根据不同特性，选择不同的活动进行推广。

小程序本身就是成为连接线上、线下的关键，因此对于那些O2O产品，就非常适合在实体店内进行活动推广。像美团这类外卖团购APP在前期进行推广的时候也适合与实体店相结合，通过给予用户和商家一定的优惠条件，使双方都乐意在外卖团购上进行交易活动。

小程序完全可以吸取APP的一些经验，和自己的特色相结合，在一些实体店内进行推广。比如，一款点餐类的小程序，用户只要来到餐厅，就可以扫描桌子上的二维码，实现线上点餐活动，当用户用完餐后还可以实现线上支付等活动。这个场景张小龙在微信公开课演讲时也说过，点餐付费是一个非常具有代表性的场景。例如，"点餐儿"小程序（图 8-10），这是一款点餐宝智慧云餐厅平台，让天下没有难开的餐厅。这个小程序可以帮助顾客点餐，还可以帮助餐厅管理者管理餐厅。

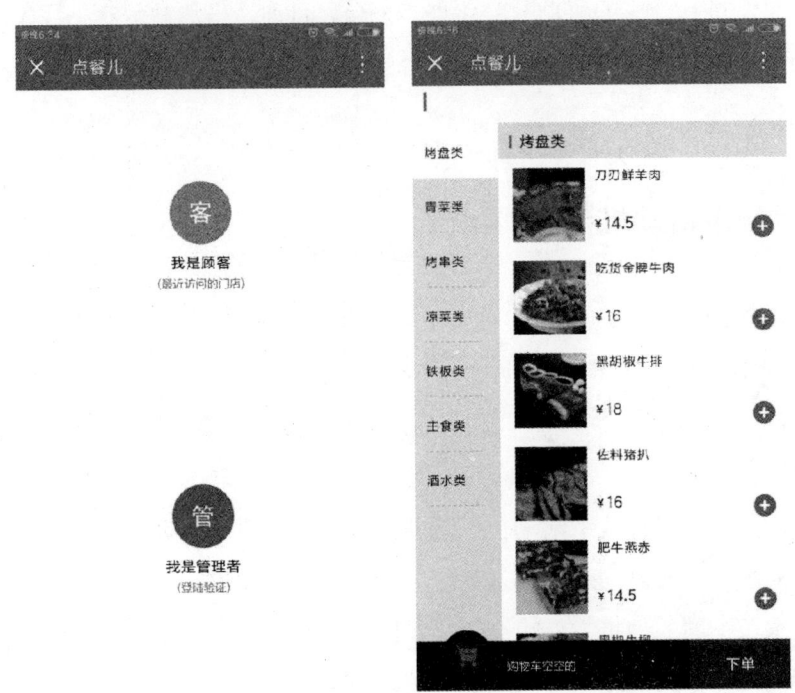

图 8-10　点餐儿小程序

其实，微信服务号在之前也有过这样的推广，但由于带给用户的实际体验差异比较大，因此服务号在微信布局上面没有带来太大的改变。但是小程序则不同，小程序可以在本地执行，体验会非常流畅，用户在微信内部可以直接打开小程序，简洁的界面和便利的操作会使用户有一个更好的体验。

在进行线下场景推广的时候，为了吸引人群，可以为小程序举办一些线下活动。在这个过程中，如果给予人群一定的诱惑，就能够引起用户的注意。

除此之外，还有一些特殊的线下场景，如公交车站、火车站、地铁站等高密度人群的场所，人群的流动性非常大，适合作为小程序推广的地点。比如，做一款针对学生培训类的小程序，就可以在学校周边的线路进行宣传，这样就会有很强的针对性。

除此之外，还可以在健身馆附近推广有关健身方面的小程序，在社区里推广电商类或者是社交类的小程序。总之，根据小程序的不同特点，选择不同的线下场景，再配合相应的推广活动，就能够为小程序实现相对精准的推广。

第9章

效果评估与优化：找出突破点，让小程序越做越大

9.1 小程序数据统计方法

现在关于"如何做一款小程序"的内容是众说纷纭，但是"如何做好一款小程序"，解决小程序获客难，留存难的问题，却被讨论得不多。

小程序如今是机遇和挑战并存，它的机遇是门槛低，获客的通道比较顺畅，但是在另一方面小程序不容易获得用户群，用户的留存也比较难。用完即走的理念使小程序没有办法像 APP 那样能够唤回用户，这样只会迫使企业更加重视精细化的运营，找准用户和黏住用户。

精细化运营的核心就是数据驱动，小程序利用数据统计的方法进行分析和评估，并在此基础上进行优化，就一定能够使小程序向好的方向转变。小程序数据统计方法有三种：小程序官方数据统计方法、自定义 / 第三方埋点统计方法和无埋点统计方法。

9.1.1 小程序官方数据统计

任何企业在经营过程中都离不开一个词——数据分析。企业要通过数据分

析哪些问题，以及分析这些问题的数据能从哪里得到，这些都是需要大家仔细思考的。

对微信小程序而言，数据分析变得更简单一些，因为微信官方给小程序提供了基础的统计功能，在微信小程序的后台就可以实现一定的数据统计。而且还可以看到比较全面的概览实时数据，让企业实时观察到有多少人正在使用自己的小程序。

早在微信小程序内测阶段，微信官方后台就已经为小程序提供了一定的行为数据，但是这个行为数据比较复杂，如果企业想要检测某一个行为，要先挑选这种行为类型，并且还需要填写上页面的路径、按钮的名称等一系列配置参数。当然，这些操作对于那些小程序运营人员来说，成本和门槛都是比较高的事情。

虽然微信官方为小程序提供了一定的统计数据，也给企业提供了一定的便利，但是由于官方没有提供来源统计数据，具体的数据也不够细化，所以，企业只能从这些数据中看出一些现象，并不能看出小程序运营效果的全貌，所以，通过微信官方看到的统计数据，带给企业的指导性价值还是有非常大的局限性的。

微信虽然为小程序提供了官方的数据统计方法，但是小程序的交互比阅读文章要复杂得多。因此，小程序除了要依靠微信官方提供的数据统计以外，还需要利用埋点、无埋点等数据统计方法。以上这些第三方统计平台能够为小程序的数据统计发挥出更大的作用，下面将对此做具体介绍。

9.1.2　自定义/第三方埋点统计

自定义/第三方埋点统计是一个使用时间比较长、广泛被人认可的统计方法，为每一个用户行为定义为一个事件，而当事件触发的时候就会反馈出一定的数据。什么样的数据都能统计，是埋点统计方法最大的优点。

对数据进行埋点，首先需要通过小程序的定位和目标来确定自己需要哪些数据，然后在小程序的各个流程之中设置数据埋点，最后当用户使用这款小程

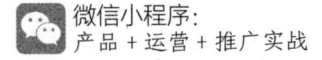
序的时候,就可以在后台不断地收到这些反馈数据了。

数据埋点包括初级、中级和高级三个等级,不同等级的数据中有不一样的作用。其中,初级用来追踪用户每一次的行为,统计关键环节的使用程度;中级用来追踪用户的连续性行为,用模型把用户的操作行为具体化;高级的数据埋点能够还原出"用户画像"和用户行为。通过建立数据分析的后台,可以对数据进行分析和优化。

数据埋点的内容可以分为小程序内部埋点和市场埋点:内部埋点分析的是用户的行为和流程,用于提升用户的体验;市场埋点以小程序在市场中的表现以及使用场景为主。

小程序流程有主干流程和分支流程之分,相应的数据埋点也就可以在这里进行分别埋点,数据埋点不会一步搞定,在小程序第一次上线的时候有几个点需要埋:日活人数、注册量、主要流程页面之间的转化率等。

在第二次埋点的时候就会根据小程序的目标和上线后的问题进行分析,比如,当企业发现小程序首页的 UV 很高,注册量很低的时候,就需要分析用户在首页的行为,如果大多数的用户进行了页面注册页,但是只有一部分人进行注册的时候,那就说明小程序的注册流程出了问题。

数据埋点的方式有两种:一种是在自己公司研发的小程序中注入代码统计,并搭建起相应的后台查询,另一种就是第三方统计工具,如友盟、APP Annie、TalkingData 等。以 TalkingData 为例,具体看一下第三方埋点的数据统计方法。

TalkingData 是一家专门进行移动互联网数据分析的公司,旗下有许多优秀的数据服务产品线。在微信后台数据统计中,通过添加小程序用户使用场景和小程序的使用情况,可以对小程序用户进行各方面分析。TalkingData 还具有自定义事件的分析能力,可以分析出设备的分布和地理位置的分布等社会属性,可以帮助开发者深入了解用户的操作,帮助开发者全面地了解"用户画像",从而制定出更加精准的推广策略。如表 9-1 所示,TalkingData 平台可以对小程序进行多个方面的数据统计。

表 9-1　TalkingData 提供给小程序的服务表

	模块	指标点
TalkingData APP Analytics 小程序统计服务	页面访问	页面受访人数
		页面受访次数
		页面停留时长
		离开应用比例
		页面间跳转比例
	自定义事件	事件使用人数
		事件使用次数
		转化漏斗
	机型分布	机型品牌
	网络类型	2G、3G、4G 和 WiFi
	地区分布	新增 / 活跃 / 用户地区分布

　　但是埋点统计也有一定的缺点，由于开发人员需要加入，还需要很多的开发时间，而不埋点就没有数据，而且埋点的数据还可以进行回溯，这就需要非常精心的设计，这在操作中需要很高的成本。开发者在使用这种方法的时候，应该注意到这一点。

9.1.3　无埋点统计

　　无埋点数据统计方法是近些年比较流行的统计方法，无论是在网页中还是在 APP、小程序中，通过一次性集成软件开发工具包（Software Development Kit，SDK），就可以采集页面访问、用户点击行为和用户特征等全量性的数据。

　　对于企业来说，只需要做一些定义指标，就可以灵活地进行自定义分析。在无埋点的基础上，补充必要的人工配置，就可以非常轻松、高效地完成主要的数据统计及监控工作。无埋点和埋点相比，能够大幅度的降低小程序数据分析门槛，能够帮助企业进行快速而低成本地获取用户行为数据，对数据分析的效率也提高了许多。

GrowingIO 是国内一款支持小程序无埋点数据采集和分析的产品，小程序在刚上线的时候，GrowingIO 就在第一时间上线了小程序的数据分析功能。

GrowingIO 通过提供一些用户行为数据，可以使小程序运营人员清楚地看到用户在小程序平台上的转化路径和用户行为轨迹，为优化小程序功能和界面设计提供依据。除此之外，小程序的市场人员还可以进行精细化的追踪行动，从而知道各个渠道的推广效果，并及时调整渠道的投放配置，提高投资回报率（Return On Investment，ROI）。小程序的运营人员还能够根据用户行为进行精细化分群运营，从而有效提高用户留存率和转化率。

微信小程序的数据分析后台只支持概况、实时统计、访问分析等基本数据维度，无法为后续的小程序和决策作出数据支持，因此，与微信官方数据统计平台相比，以 GrowingIO 为代表的无埋点小程序数据分析小程序具有明显的优势。

不需要埋点可以使小程序分析效率提高70%，只需要三行代码和一次部署，就可以全量和实时地把用户的行为数据一步到位，定义指标和报表设置支持一键出图，从而使小程序的数据分析效率得到提高。

过去的数据只停留在表面，往往是只能看到页面的浏览量和数据访问用户数等情况，GrowingIO 能够帮助市场人员进行深度的追踪，获得从每一个渠道中得到的用户的后续转化和留存情况还能替小程序找到真正有效的渠道，把钱花在刀刃上，为小程序的推广节省成本。

小程序一直秉承用完即走的理念，这个理念不等于没办法留存，恰恰相反，每个用户都能够留下极为重要的商业价值。以 GrowingIO 为代表的无埋点统计就可以帮助企业了解每一个页面以及每一个步骤的用户转化率，从而有效地提高小程序的留存率。

小程序的一些限制给用户提供了许多便利之处，但同时给开发者和市场运营人员带来了巨大的用户转化和留存挑战。企业只有在自己小程序创立初期就开始关注用户的实际行为，并经过数据进行分析，才能够使小程序不断优化。在这个过程中，善于运用一定的专业化数据工具，采取一定的数据统计分析方法，就能够为数据的增长带来启发。

9.2　从海量数据中找准核心指标

在掌握了一定的数据统计方法之后，开发者能够得到一定的数据反馈，但是这时还有一个需要特别注意的地方，那就是反馈的数据并不是都有用，或者说不同的数据反映着不同的情况，从海量的数据中找出关键的指标进行分析，也是非常关键的一步。

核心指标往往会隐藏在概览指标或者行为指标里面，如运营概览指标数据、有效的用户行为数据、用户特征数据等数据指标，对这些数据进行分析，才能得到小程序的运营情况。

9.2.1　运营概览指标数据

运营概览数据是微信官方提供的一些指标，这些指标都是比较常见的，和网页或者 APP 里面的指标类似，是一些基础性的数据指标。具体来说，小程序的运营概览数据主要分为以下几个方面。

（1）打开次数。这是指打开小程序的总次数，用户每次打开小程序到主动关闭视为打开一次，超出时间退出也被计算为一次，这些你都可以理解成一个会话。

（2）页面浏览量。这是指小程序内的所有页面的被浏览的总次数，多个页面之间的跳转和同一页面的重复访问都可以被计成多次访问。

（3）访问人数。这是指小程序内访问所有页面的用户总数，但是不会对同一用户进行重复计算。

（4）新访问用户数。这是指第一次访问小程序页面的用户数，同一用户进行多次访问也不会进行重复计算。

（5）入口页。这是指用户进入小程序后，访问的第一个页面。入口页其实是一个比较新的指标，因为小程序支持每一个页面都可以设置成二维码进行推广，这和落地页的概念很类似。用户通过扫描不同的二维码，就可以进入不

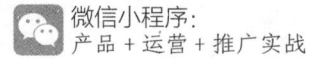

同的入口页中。

（6）受访页。这是指用户进入小程序访问的所有的页面。

除此之外，还有分享次数和分享人数，分享次数是指小程序被分享的总次数，分享人数是指小程序被分享的总人数。可以看出，这些指标都还呈现在表面上，局限于运营概况和结果，体现用户更深层次的行为数据还不能进行统计。

因此，这也是运营概况指标数据的一个缺点，它无法告诉你，用户在使用小程序的时候发生了什么事，从而缺乏行动的引导性。比如，小程序的访问人数的指标下降了，但是为什么会下降，指标是无法告诉你答案的，这就需要通过其他数据进行分析。

9.2.2　有效的用户行为数据

除了概览指标之外，用户的行为指标也是反映核心问题的关键性因素，如果得到有效的用户行为数据，小程序的数据分析就会非常有意义。

有效的用户行为数据具体包括点击、进入页面、下拉刷新、分享、评论、收藏、打分、添加等，在不同的时间和场景中，用户的行为都会发生变化，以上这些数据被称为动态行为数据。运营者通过捕捉用户的动态行为数据，比如，浏览次数、评论等，能够对用户进行深浅归类，从而区分出活跃或者不活跃的用户。把这些行为串联起来，放在时间维度上，就可以很清楚地看到用户的行为流程和事件流程。

用户的行为数据其实是非常庞大的，能够找到真正重要的用户行为也非常关键，比如，"点击"这个行为，用户在一个小程序内的点击会有很多，那么关注哪一个点击就是需要仔细思考的问题，只有和自己的业务目的息息相关，能为小程序的优化提供一定方向的用户行为数据，才是真正有效的用户行为。

不同的小程序由于特色和风格不同，有效的用户行为数据也会有所不同，以今日头条、轻芒杂志、豆瓣评分为例，具体看一下它们不同的有效用户行为。

今日头条 lite 小程序（图 9-1）是一个有内容和资讯的小程序，它的有效用户行为就是"下拉刷新"。对于用户来说，每次下拉刷新都可以获取新的内容，满足用户对内容和资讯的需求，下拉刷新也是用户经常进行的一个操作。而对于小程序今日头条 lite 来说，下拉刷新还可以带来更多的广告机会，展示更多的商业变现空间。

轻芒杂志是一个杂志阅读类的小程序，它的有效用户行为是"收藏"，用户对你的内容进行收藏，就证明认可了你的内容，用户回来继续读这篇文章的可能性会非常大。所以，收藏就可以作为一个有效的数据，来反应哪些内容能够得到用户的喜爱，哪些内容需要进一步提升，轻芒杂志页面如图 9-2 所示。

图 9-1　今日头条 lite 页面

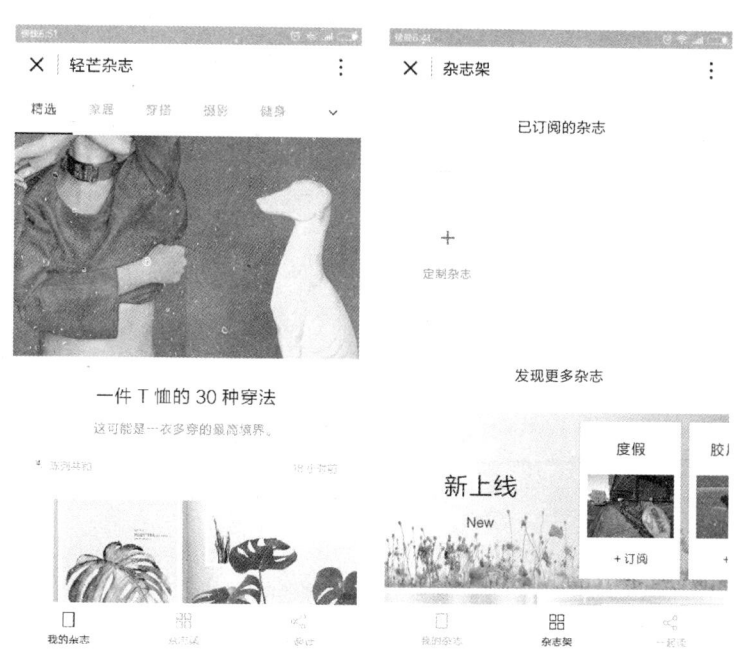

图 9-2　轻芒杂志页面

豆瓣评分是一款专门用来查询电影评分的小程序，用户经常进行的一个操作就是"搜索"，而搜索这个行为就是豆瓣评分的有效用户行为数据。用户通过主动的搜索行为能够明确查找出某部电影，这些行为都会被记录下来，反馈给开发者，而这些内容也正是豆瓣评分小程序希望达到的目的，豆瓣评分页面如图 9-3 所示。

图 9-3　豆瓣评分页面

小程序反馈出的行为数据并不一定都能分析出一定问题，只有那些用户经常进行操作，对小程序有着重要意义的行为才是有效的，开发者在收集数据中，应该格外注意这一点。

9.2.3　用户特征数据

除了运营概览指标数据和有效的用户行为数据，用户特征数据也是重要的数据指标，根据使用小程序的用户进行特征分析，就能够为小程序之后的优化做出方向性指导。

用户特征数据包括设备机型、网络类型、地域特征等其他的用户渠道来源方式，通过对用户的渠道方式进行区别，就能够得出一些有用信息。

用户使用的设备机型能够在一定程度上反映出用户的经济水平、使用习惯，通过对用户这些内容的了解，可以制定相应的功能，比如，在某些内容上增添付费功能等。对用户来源渠道进行分析，主要就是解决用户来自哪里的问题。

比如，根据用户地区分布的数据得出，一个小程序现有用户的 80% 都是来自上海，那么就可以针对上海地区的用户，专门举办一些活动，从而提高小程序的用户活跃度。

以 APP 为例，APP 获取用户的渠道比较多，很可能是网络社交平台（微博、微信、论坛、贴吧等）、新闻网站、垂直门户网站，但也有可能是来自各种线下地推活动，当然也可能是老用户介绍而来。

通过调查、埋点以及追踪的形式，就能够获得用户的来源数据，知道小程序的用户是来自哪里。通过来源数据的统计，以及对用户多维度数据进行分析，包括留存率、转化率，就能够衡量小程序拉新渠道的效果，判断出小程序用户的主要来源地，以及哪个地方的用户质量最高。

小程序运营人员可以根据用户来源和用户行为数据对渠道效果进行评估，从而找到适合小程序的渠道，并且有针对性地进行投放，才能使推广更加精准有效，从而快速地吸引到有价值的用户。

用户特征包括用户的人口属性，每个小程序用户都带有各自的共性和个性，通过获取用户属性，就能够生成完整的用户数据库，构建出"用户画像"，从而便于对用户的管理和运营。

用户特征数据不能直接反映出用户的姓名、年龄、身高、体重这些自然属性，如果小程序配合相应的工作进行调查，以获取用户更多的信息，就能够收集统计出用户的属性，从而得到一个更加具体形象的用户特征。

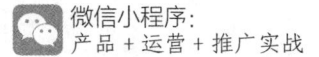

9.3　小程序效果评估的数据分析

在掌握了小程序数据统计方法和核心指标之后，就可以对小程序的数据进行分析了。有价值的分析都是围绕业务目的而进行的，如果对所有的数据都进行分析，就变成了为分析而分析，这样会使得出的决策偏离商业目的。

虽然不同的小程序会有不同的业务场景，涉及的商业领域非常多，但是有一点值得肯定，那就是所有小程序共同的目的都是为了提高用户量。

用户增长需要了解海盗法则 AARRR，海盗法则包括五个方面的内容，分别是用户获取（Acquisition）、用户激活（Activation）、用户留存（Retention）、变现营收（Revenue）和推荐传播（Refer），下面主要介绍这五个方面的内容。

9.3.1　用户获取

用户获取是一切小程序后续行为的基础，对于一款新上线的小程序来说，获取用户也是最先考虑的问题。对获取的用户进行分析，能够最直观地得出一些数据，并且很容易让开发者找到有效用户行为。

微信小程序获取用户的方式主要有四种：扫描二维码、搜一搜、分享给好友、公众号互联，其中强调最多的二维码就是最重要的一种推广方式。小程序推广都是有一定成本的，如果能够对推广的渠道进行优化，提高转化效率，就能够降低获客成本。

APP 在进行推广的时候，用户只要下载并且打开 APP 就等于获得了一个新用户，但是在小程序中，这个方法就不行了。因为打开小程序是一个很浅的行为，用户使用完小程序也很简单，和 APP 相比，很多操作被简化了。

所以，在对小程序的获客成本进行分析时，应该分析的不是用户有没有打开小程序，而是用户在小程序页面内有没有完成某一个有效动作。

以一个 O2O 类的小程序为例，如果在写字楼、高校、高铁站、商场等场景投入了同样的成本，进行线下推广，用户进行扫码活动就可以进入小程序直接进行下单和交易，得到的数据是这样的，如表 9-2 所示。

表 9-2　小程序投放的效果表　　　　　　　　单位：人

渠　　道	扫码进入	下　　单	支付成功
写字楼	1000	50	24
高校	2000	10	2
高铁站	2000	140	120
商场	3000	80	24

根据表 9-2 进行判断，如果还是按照 APP 的计算标准，下载并且打开一款小程序就成功获取一个用户，那么上面的小程序最佳的获客渠道应该是商场，因为扫码进入的人数有 3 000 人，远远高于其他方式。

如果换一个标准来考虑，将用户的"下单"和"支付成功"也考虑在内，那么这个时候你就会发现，虽然商场的下载打开率比较高，但是转化率特别低，高铁站渠道却能够获得很好的转化率。

在这款小程序中，很显然，"下单"和"支付成功"才是有效的用户行为。这样一来，得到的结论也就不同，判断出有效用户行为，才能够得出正确的结论，为正确决策提供依据。

因此，在对小程序用户获客进行评估的时候，一定要注意得到数据的正确性，这里面包含两个方面：一个是收集数据的准确性，另一个是判断出哪一个数据才是真正的有效用户行为数据。

9.3.2　用户激活

当小程序获取了用户之后，并不意味着他们就会使用这款小程序，只有当他们使用小程序完成自己的一些服务，进行友好参与，活跃的行为也带来了有效的行为，这时用户就被激活了。

激活小程序用户有一个很明显的标志，那就是用户的活跃行为产生了一定效果，围绕用户的有效行为的相关指标进行深入分析，从而能够找出激活用户的关键，或者说通过分析，能够找出用户激活失败的原因是什么，这也是激活

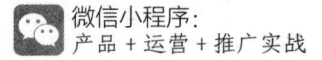

用户的意义所在。

举一个简单的例子,当用户选择一个电商类的小程序,在线购物时,整个过程都可以分为三个步骤:首先是用户通过扫描二维码进入小程序页面,其次是用户在小程序内部选择好想要购买的商品,最后支付成功。

图 9-4 是三个过程的数据,通过观察这三个数据能够很容易发现用户在哪里流失,然后针对这些地方进行改进,从而就能够提高用户的激活率。

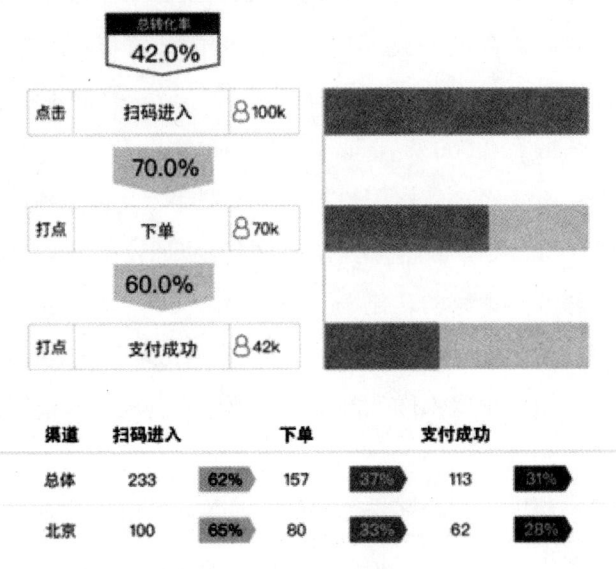

图 9-4　小程序激活过程

APP 在这些方面已经积攒了很多经验,今日头条在激活用户的时候主要依靠的就是推送频率个性化,对于不同类别的用户进行不同的推送,对那些接受能力比较高的用户给予更频繁的推送。小程序也可以从今日头条这里获得一些经验。

小程序在获取用户之后,首先需要对用户进行分类,用户可以分为普通用户、种子用户、核心用户和垃圾用户这四种。小程序运营人员应该根据不同的用户需求,分好门类再去激活用户。

这里需要运营人员注意的就是核心用户和种子用户。种子用户对于小程序的前期运营来说,有着十分重要的作用,而核心用户则对小程序的中期和后期运营起到很好的支撑作用。因此，运营人员应该切切实实地做好小程序用户的激活工作。

优质的内容往往会使用户保持长期的新鲜感，只有好的内容才能使用户留下来，并且使用户在激活方面占领着主要地位，因此小程序在给用户进行内容推送的时候，提供优质内容是关键。

用户都是喜欢那些对自己有用的小程序，对用户进行及时的奖励非常重要。在小程序应用中，可以创建一个抽奖活动，让那些进行参与的用户能够得到一定数量的奖励，而如果想要经历这一过程，需要进行一定的操作。

比如，很多 APP 会这样设置：登录成功之后就可以进行签到，完成签到后可以获得积分或者是其他奖励，这些积分或者是其他奖励对用户有直接的利益关系。这种奖励活动可以使用户的行为变得更加活跃，为激活用户创造一定的条件。对小程序来说，为了快速有效地激活用户，可以借鉴 APP 常用的一些奖励措施。

总的来说，从数据上进行判断，运营人员通过大数据可以获得市场规律变化，通过小数据可以准确了解用户的行为爱好，进而为小程序的运营做决策，并有针对性地激活小程序用户。

9.3.3　用户行为留存情况

任何企业都不会把目标停留在获取用户和激活用户上，从长期发展的角度来看，他们更希望能够使老用户继续使用他们的产品或者服务，这就是用户的留存。

用户留存指标有次日留存率、7 天留存率、30 天留存率等，不同的留存率可以评估不同的效果。APP 的用户留存多是强调用户打开或者进入页面，但是小程序由于特殊性，那些简单的打开进入的动作已经不能满足要求，小程序留存要求的是用户的有效行为的留存。

比如，一款电商类的小程序，用户多次进入这款小程序不能算入留存情况内，只有当用户成功支付后，才可以算留存。

小程序留存需要找出一个魔法数字（Magic Number），魔法数字这是由 Facebook、LinkedIn 等社交应用首先发现的。他们发现，新用户在第一个星期内如果添加到 5 个以上的社交关系，APP 的次周留存率就会达到 85%，这个留存率是一般用户活跃度的 3 倍。

这种现象在人们的日常生活中也很常见，这是因为，当用户经过多次活动，就会对小程序的使用养成习惯，用户的留存率和用户活跃度就会比较高。对于小程序，当然也可以使用这种魔法数字，提高用户的留存率。

如果一个 O2O 类的小程序发现，一周之内消费两笔的用户，在第二周的留存能够达到 45%，其实这是一个比较高的留存。针对这一情况，这款小程序就可以进行一定的运营，采取"买二送一""第二笔半价"等活动，这样一来，能够有效提升用户的留存率。

推广优惠活动同样能够留住用户，比如，Dropbox 用户只要完成好友推荐和注册活动，就能够获得免费的储存空间，以此类推，一些小程序还可以采用一些免费的优惠服务来推动用户的参与度。

和用户获取相比，用户留存需要倾注小程序运营者更多的精力和时间，因为用户获取之后，很容易就会流失掉，如何才能使用户继续留在小程序中，不仅要掌握住用户的心理，还要对自身的小程序不断做出调整和改进，使它更迎合用户的口味，用户才会对小程序养成依赖。

9.3.4 获利变现情况

如果小程序不能实现变现，小程序是很难持久以及健康增长的。因此，小程序的变现模式也需要着重考虑。根据之前的经验和教训，小程序的商业模式已经被越来越多的人提前考虑。

小程序和移动 APP 在很多方面有着相似之处，可以先从 APP 的变现模式中吸取一定的经验。几乎所有的 APP 都会在发展到一定程度的时候，进行融资变现，前几年一款成熟的应用进行融资上市并不难，但是现在再想利用这个变现模式则需要考虑小程序、团队、环境、用户等多个情况。

　　一些游戏类、工具类、社交类的APP往往会采用拓展增值的变现模式。如今，很多应用都是免费的，但是在内部会有一些增值业务。比如，课程格子这款面向学生的应用，推出了自己的贴纸商城，上线以来用户的使用频率就超过了100万次。

　　广告可以说是适合所有的APP，广告服务也是一种最直接的变现方式。但是广告往往会给用户带来不良的体验。原生广告的出现，能够在最大程度上降低用户的不良体验，而且原生广告不限制形式，很多方面都可以通过原生广告来实现。

　　不过，小程序刚推出时，对广告有严格限制。随着搜索广告、附近的小程序广告上线之后，小程序的广告变现能力得到进一步释放，新一轮的广告竞价机制将要诞生。未来，小程序中的广告内容可能会进一步扩大。

　　一些电商类和社交类的APP还可以通过电商导购的方式进行变现，这也是一种比较常用的方式。比如，社交应用微博，自从阿里巴巴把很多电商资源接入到微博之后，新浪微博的很多流量都可以直接导入到淘宝中，增长的速度也十分迅速。

　　一些工具类的应用还可以通过线下服务来实现变现，移动APP的线下服务和硬件服务有些相似，都是结合自身的产品特点，只不过线下服务的变现方式能够实现最大化。应用Camera360是国内最大的照相应用，能够覆盖住安卓、iOS、WP三大平台，有着庞大的用户数量群。

　　在后来的发展中推出证件照功能，包括从处理背景、美颜人像到服装素材等线下打印以及包邮寄送的服务，通过这种O2O的形式能够拓展应用的变现能力。但是这种方式只能针对个别的工具类APP，并不能适应所有的工具类APP。

　　但是小程序毕竟不能完全照搬APP的变现模式，从数据分析的角度来进行思考，可以采取A/B测试的方式来探索小程序的盈利模式。

　　比如，做一个内容型的小程序，可能会尝试在一部分用户的信息流中加入商业广告，但是商业广告一定会引起用户的反感。这个时候运营人员就可以根据数据分析，不断优化广告的内容和形式，以及分析出适合投放的人群，就可

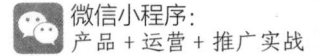
以实现商业变现和用户体验之间的平衡。

除此之外，小程序还可以利用线下服务、电商导购、拓展增值等方式变现，这些变现模式都能和小程序的特点相结合，因此一些小程序也能够根据自身特点进行变现。

获利变现是小程序得以长久发展的基础，因此对于这方面的内容，运营人员更应该慎重考虑，结合不同小程序的特点，找到适合自身小程序的商业模式，让小程序实现顺利变现才能实现它的可持续发展。

9.3.5　推荐传播打开率

任何一款产品在后期发展的时候都会考虑到产品的推荐和传播，只有推荐和传播到位，产品才能再次迸发出活力，获得更多的用户群。

小程序在上线的时候经历了一次滑铁卢，为什么刚上线就有这种情况呢？这可以从小程序自身寻找原因。其实那些表现不佳的小程序要么是纯线上的服务，要么就是完全复制已有 APP，这就导致小程序很难出彩。

其实，纯线上的服务，对于第一阶段的小程序来说，可能并不是最佳的应用场。比如，一款叫作汇率 e 的小程序，这个名字给用户的搜索带来了一定的难度。除此之外，用户在微信中进入这款小程序需要更深的路径。用户需要进入微信，搜索找到这款小程序，打开之后再使用，这个过程似乎有些复杂。但是如果在手机中的任意一个浏览器中，只需要搜索关键词，就会自动出现汇率查询的相关内容，从这一方面来看，浏览器的体验可以说是完胜小程序。

不过，其他的查询类小程序，利用航班查询、公交查询虽然纯线上很难有出路，但是结合线下场景却能实现一个比较好的发展。所以，小程序要想实现传播，更多的突破口是在线下。

另外一种是复制 APP 某一个或多个功能开发的小程序，其实，这样的小程序带给用户的体验远比不上 APP。比如，小程序大众点评，它的功能和原生 APP 几乎没有什么差别，这导致很多用户使用了这款小程序，却卸载了原生 APP。这种导流方式是得不偿失的，转化率不仅低，用户的体验会比不上之前的，而且最重要的是带给原生 APP 用户的折损。在这种情况下，企业需要先考虑清楚小程序的存在价值才是关键。

传播和推荐在微信小程序内就是指小程序的分享，虽然小程序目前还不支持分享到朋友圈，但是可以给微信群和微信好友进行分享。

小程序分享到群组的预览中包括三个方面的内容：标题、图片、文字注释，不同的图文组合会产生不同的点击率。如果小程序能够找出最佳的图文组合，就能够提升小程序在微信群中的打开分享率和使用率。

与此同时，还可以根据不同的维度进行切分，可以找出有哪些人在分享小程序，这些人有什么特点。在分享小程序的时候，他们有哪些共同的有效用户行为，在分享小程序之前，他们又有哪些共性操作。

当然小程序也可以自带传播，比如，表情家园这款小程序（见图 9-5）中的所有表情可以改字、支持上传照片、变表情，让聊天变得更有趣。而且很多有趣搞笑的表情图片能够激发用户去主动分享给微信好友或者微信群中，以便引起微信用户的关注。在这种情况下，本来就自带传播功能的小程序能够得到更好的传播。

图 9-5　表情家园页面

小程序的分享也可能希望带来一种新的协作方式，正向张小龙举过的例子，在一个微信群里投入投票功能的小程序，这样在每个人使用小程序的时候，小程序也得到了传播，群分享这种推荐传播功能不仅能够提高小程序的传播打开率，也成为了一个重要的流量入口。

9.4　对小程序进一步优化

根据小程序反馈出的相关数据，就可以对小程序各反面的情况作出分析，从而分析出小程序的优点，找到小程序的不足，并分析出如何改进的方法，从而使小程序能够进一步优化。

小程序的优化可以分为这四个方面：增强小程序的实用性、使小程序的界面更加适配、使小程序的操作体验更加优化、使用户需求更加契合。如果能够满足这几个方面，那么小程序带给用户的体验必将进一步提升。

9.4.1　增强实用性

小程序诞生的目的是为了更好地服务微信用户，所以每一款小程序必须有其存在的价值，而实用性正是它价值的体现。无论是一款工具类的小程序，还是一款连接线上、线下的小程序，它们的共同之处就是能够为用户提供一定的使用价值。

微信对小程序有着严格的限制，每一款小程序代码包都在 2MB 以内，这给小程序开发者带来了一些限制。但是对于用户来说，最直接的作用就能够帮助节省内存，张小龙对小程序去中心化的追求也就变成了现实。

用户想要使用某个应用时，不用烦恼下载安装等过程，也不用担心几十兆甚至上百兆的内存占据手机空间。直接在微信内部就可以使用小程序，而且使用的时候产生的内存也不会很多。

有人曾经做过实验，在登录微信账号后，微信后台显示微信使用了

195MB，在打开携程和滴滴两个小程序之后，微信占用的内存就变成了203MB，可见，两个小程序才占用了 8MB 的内存，这和原生 APP 相比，的确节省了很多内存。

当用户考虑到手机内存的问题，犹豫要不要下载 APP 的时候，就可以把目光放到小程序上，小程序能够为用户节省内存，对于有些用户来说的确解决了很大的难题，实用性很强。

小程序的实用性更体现在它的功能上，小程序能够为用户提供便利的功能。在之前已经反复谈起过小程序的使用场景，工具类、电商类等其他低频场景都是比较适合的。最适宜的小程序是能够把线下服务带到线上来，用户在线上操作可以获得线下服务。可以说，无论是线上服务还是线下服务，小程序都能实现一定程度的满足。

但是从功能的便利性来说，是否所有的小程序都达到了这个要求，需要从两方面来看。首先要看小程序的功能是否完善，能够让用户在摆脱了 APP 之后，只凭借小程序就可以实现 APP 上的功能。再者就是看是否用户已经养成了这样的一个习惯，当有了一定的需求之后，会主动打开微信小程序，比如，看电影、吃饭会打开小程序的美团生活。

小程序功能的完善，在如今看来还是未知的，毕竟很多商家不会放弃之前的 APP，而选择在小程序上搭建一个轻应用，这也就意味着很多品牌的小程序，上面不会有一些核心功能，而且那些高频和复杂的应用在小程序里也难以得到实现。

在小程序上线之后的两个月内，小程序的功能逐渐扩大，从不支持模糊搜索到支持模糊搜索，从不支持做游戏、直播，到支持做游戏和直播，小程序的入口方式也在不断扩大，而且微信对小程序的态度也从克制到开放，不断放大招，提升小程序各方面的能力。随着小程序各方面功能的不断扩大，小程序以后的发展充满了无限的可能。

小程序具有服务性质，每一款小程序都应该呈现出不同的实用性，用以满足用户需求。因此，对小程序进行优化的时候，如何增强小程序的实用性，才是每一个小程序开发者需要注重考虑的问题。

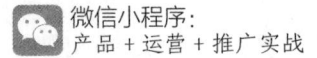
9.4.2　界面更适配

小程序是一个跨系统的平台，虽然不用区分版本的不同，但是小程序在不同的设备上运行，会出现不同的分辨率，如何使小程序在不同的设备上保持正常的视觉元素，使界面更加的适配，是小程序进行优化时需要考虑的问题。

小程序之所以能够在分辨率不同的设备上保证视觉元素的正常显示，是因为 rpx（微信小程序中 CSS 的尺寸单位）的动态尺寸单位的作用。对于很多人来说，都会理解像素："在显示屏上，每一个画面都是由无数的点阵形成的。这个点阵中，每一个点叫作像素，就是 pixel（缩写为 px）"。

但是随着视网膜屏的推出和高分屏的普及，px 所能代表的实际长度就会发生改变。单纯地使用 px 并不能满足需求，小程序元素很难保证在不同设备上的正常显示。即使是同样的 px 尺寸的元素，在高分屏上的显示要比低分屏小很多。

在这种情况下，小程序需要的是一个动态的长度单位，这个长度单位还能够对不同的屏幕的分辨率进行调整和适配，以保证所有元素在不同的屏幕上的展示都是一样的。

在微信的官方文档中，有这样的一句话：在 iPhone 6 上，屏幕宽度为 375px，共有 750 个物理像素，则 750rpx=375px=750 物理像素，1rpx=0.5px=1 物理像素。也就是说，微信小程序的设计师可以把 iPhone 6 的界面作为视觉稿的标准。

小程序设计师在设计小程序的时候，就可以直接利用 iPhone 6（375×667）的屏幕尺寸作为视觉稿尺寸，然后以 1px=2rpx 的标准，将设计稿件设定为 750×1334。

当小程序的设计稿交给程序员之前，小程序设计师需要描述好稿尺寸和单位换算标准，从而能够帮助程序员快速实现界面正常的效果。

其实，从小程序的界面适配上也可以看出，微信小程序放到电脑上运行，屏幕的宽度很可能会发生变化，以宽度为基准，最后很容易出现元素显示不全面的情况。

另外，微信官方不希望小程序在除了手机以外的设备上运行，因此对于开发者来说，可以把全部的注意力集中在手机上，不需要担心手机屏幕的尺寸大小带来的界面适配问题。

原来的小程序在安卓手机中某些屏幕分辨率下，出现了一些遮挡的漏洞，部分元素的大小也不能符合人的视觉习惯。在进行优化之后，小程序的界面进行了进一步的适配，漏洞被补充，元素的字体大小也得到调整。

虽然说小程序已经基本适应不同的版本和不同的手机型号，但是从细节上来看，还会出现一些差别，这还是会带给用户一些不适体验，因此，要对界面进行优化，使小程序能够适配不同的屏幕。

9.4.3　操作体验更优化

小程序如果能够带给用户更好的操作体验，势必会使小程序的传播范围得到进一步扩大，对小程序进行优化的时候，能够带给用户最直观的感受就是操作体验的改善，因此，优化操作体验对于用户的留存来说非常重要。

小程序即使能够做出一些操作上的优化，在用户看来这也是不明显的，只有当用户真正体验的时候，才能真正体会到优化后的小程序在操作上的良好体验。

从小程序的主页面来看，如果能够在主界面中添加一个"立即体验"的按钮，用户通过单击这个按钮就可以进入到主程序中。这个功能在很多 APP 中都会有，用户在第一次使用 APP 的时候，往往会有一个导入过程。在最后一个页面中会有"立即体验"这一个按钮，之所以设置这个按钮是为了更好地引导用户，不至于用户在主界面感到迷茫。

以一个电商类的小程序为例，当用户进行结账的时候，以往通常需要用户手动去聚焦，长时间进行这个操作难免会使用户烦躁。对这一操作进行优化，用户在输入金额的时候，输入框就会自动获取焦点，并且弹出数字键盘，用户只需要填写金额就可以了。

微信支付在这一方面的体验就比较好，利用支付宝、余额宝或者是银行卡在线支付时，用户往往在输入一定的金额之后，再单击"确定"按钮，虽然这一做法可以减少用户的错误率，但是用户频繁地进行这种操作，也会觉得这项操作有些多余。微信支付有一个非常方便的地方就是在输入框中输入金额之后，不用单击其他按钮，就会自动进行确定支付，一个完整的支付过程就完成了。

当用户交易完成之后，不会再停留在交易页面，而是会跳回到用户之前浏览商品的地方，以便于用户再次购买商品，同时还会根据用户的购买记录向用户推荐一些相关的商品类型。

除此之外，一些搜索框的功能也会得到优化，很多 APP、网页也都会有这样的情况。当用户单击搜索框进行搜索时，搜索框的下方就会出现许多关键词，如图 9-6 所示。这些关键词有些是历史记录或者是用户经常搜索的词，有些是热搜词。这一现象的优化可以加快用户完成自己的目标，从而能够给用户带来不错的操作体验。

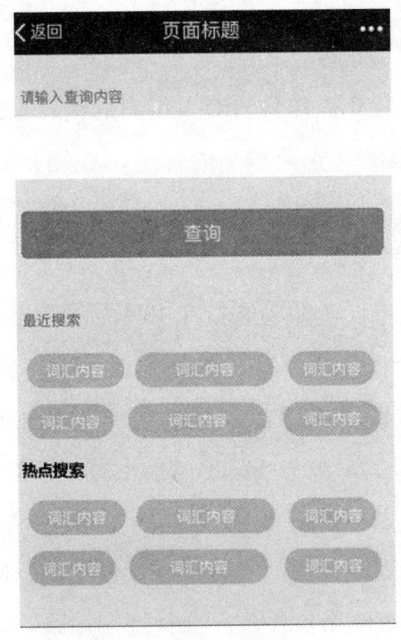

图 9-6　搜索框的细节优化

对用户的操作体验进行优化，不一定需要对小程序的功能做出多大的改变，只要在一些小的细节上多加留意，找到用户的痒点所在，就能够对用户的操作体验进行优化。

9.4.4 用户需求更契合

小程序在短时间内就可以得到互联网行业的认可，不仅仅是在于微信庞大的用户群使其备受关注，小程序的出现很有可能会改变用户在移动互联网时代获取服务的途径，小程序用完即走的理念能够带给用户更方便的服务，契合用户需求。

互联网专家洪波认为，微信推出小程序的根本目的就是给用户的需求提供更好的实现方式："它更多的是给用户已经存在的需求提供一个更好的实现渠道。比如，进了餐厅，桌上有一个二维码，扫码之后就打开了一个餐厅的小程序，可以直接在这里面自主点菜、下单。让整个过程更加顺畅，而不是说我原来有一个产品、一个应用，现在我有另一个小程序版本，不是这样的，是你原有场景的需求有了一个更好的实现方式。"

即使用户的手机里下载了很多的 APP，但是有些可能一年内也不会使用几次。当前用户被各种数据淹没，信息也严重过载，小程序的出现可以说能够在一定程度上把大家从这些信息中解放出来。

用户的身边肯定会有很多低频场景，在小程序出现之前，用户往往需要下载一个比较复杂的应用，才能满足需求，但是这个应用真正被用户使用起来却比较少。

比如，以订票为例，对于大多数用户来说，乘坐航班并非是一个常态，很有可能只有一年几次的概率，专门为此下载一个应用是没有多大意义的，而小程序的出现刚好解决了这个问题。

人们对低频场景的需求往往很单一，这样一个单一的需求恰好能够做成一款小程序，这不仅从开发者的角度来看很契合，从用户需求方面来说也十分契合。小程序是由场景驱动的，而不是由小程序自身驱动的，只有当场景与用户的需求相吻合，才有存在的价值。

因此，对小程序进行优化，最显著的成效就是与用户的需求更加契合。也

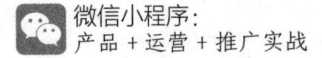
就是说小程序存在的意义就是能够满足用户一定的需求,从此也可以看出,并非所有的公司或者企业都适合推出小程序。

在对小程序进行优化时,小程序应该进一步满足用户的场景需求。根据得到的小程序反馈数据,分析出用户需求存在的痛点,并及时对小程序进行改进,就能够使小程序更受用户的喜爱。

第10章

项目融资：让别人投钱，你创业

💬 10.1　什么样的小程序更得风投机构青睐

有了一个良好的项目，相信很多人都想要抓住这个机会，做一个爆款小程序。但是对于创业者来说，前期创业需要有大量的资金作为支持，吸引风投机构的青睐，使自身的小程序获得投资也是需要创业者着重考虑的内容。

风投机构之所以会给你的项目进行投资，无外乎就是你的项目能够赚钱，那么一个能赚钱的项目一般都是有一些共同点的。对小程序来说，项目具有创新理念、用户的复合增长率高、项目能实现规模化，最重要的是让投资人在可预见期内看到盈利的可能性，以及项目具有明显的竞争优势。

10.1.1　项目具有创新理念

创新是发展不竭的动力，在任何行业中融入创新理念，都会使其更具活力。策划出一个有创新理念的小程序项目，使这个产品或者服务满足用户新的需求，不仅能够为用户带来惊喜，还会使风投机构更加青睐。

小程序从内测到上线这个时期，可谓是经历了大起大落，究其原因就在于大多数的小程序并没有给用户带来惊喜。很多企业直接把原生 APP 的内容照搬到小程序中，但是两者比较之下，小程序带给用户的体验还不如原生 APP，这样一来优劣尽显，用户便纷纷从小程序中撤离再次转入到 APP 中。

小程序是一个轻量级的小应用，对于用户来说，开发者应该结合它的特点开发出一些满足用户的创新服务，即使功能是单一的，只要针对性强，能够为用户解决其他工具代替不了的问题，那么这个小程序就一定会受到用户的喜爱。当有了一定的用户基础之后，当然会赢得风投的关注。

携程、去哪儿、滴滴出行等一系列有关出行的 APP 的诞生，为用户不出门就能订票，走出门就能坐车，出行方面市场已经全被利用了，但是摩拜单车CEO 王晓峰却看到了"中国人出行最后两公里的痛点"，而在此基础上，便有了一种新的商业形式——共享模式。

这种共享模式和小程序简直是绝配，之前用户想要推走一辆单车，需要扫描二维码下载一款 APP，而小程序的出现则只需要在微信里直接打开使用，这给用户节省了使用成本，用户当然更愿意接受它。

可以说摩拜单车开启了共享单车的时代，用户只需要缴纳一定的押金就可以马上推走一辆单车，在到达目的地后直接停在路旁就可以了。从这个角度来看，用完即走的理念在摩拜单车上得以体现。

最让人感到意外的是，摩拜单车虽然一经上市就受到用户的追捧，但是他们并没有砸钱去做广告推广，他们的资金都花在了小程序服务上，用摩拜CEO 王晓峰自己的话说就是"花在人身上、研发上、制造上"，人们接受了这种新型的商业模式，也使得摩拜单车得以推广。

这种新型商业模式使用户最后两公里的路程得以解决，从如今满大街的共享单车来看，这个创新理念的确成功了，这样一个成功的项目当然能够吸引到许多风投机构的青睐。

在 2017 年 1 月 4 日，摩拜单车就完成了 D 轮 2.15 亿美元（约合人民币15 亿元）的股权融资，除了腾讯、华平之外，携程、华住、TPG、红杉等也进入了融资。截至 2017 年 4 月，摩拜单车已经有了 20 个投资方。

从这个数据可以看出一个具有创新理念的项目，能够满足用户新的需求后，也能顺利的吸引到投资人的关注。在王晓峰看来，即使摩拜单车目前的发展情况不错，但仍需要继续想一些更具有创意的想法，满足用户更多的需求，才不会被淘汰："所有的创新结果，都是人弄出来的，如果没有好的人，好的凝聚力或者文化把这些人聚集在一起，就没办法持续做创新的东西。如果没有创新的东西，很快会被人抄袭、逆向研发给追上，然后你就废了。特别重要的是，你得有这套人，这些人天天拼命想一些更聪明、更有创造性、更快的达到目的的方法"。

除了摩拜单车，还有一些具有凝聚创新理念的小程序获得了不错的发展，如实习委员小程序，这款小程序是专门针对那些想要在假期找到实习机会的大学生，无论是从使用理念上，还是服务性质上都很符合小程序的特点，而在2017 年 2 月，实习委员小程序也获得了百万级的天使轮投资，这也是第一个获得天使轮投资的招聘类小程序。

由此可见，项目中既结合时代特点，又融入创新理念，不仅会使用户乐意接受，还会轻松获得投资人的青睐，为项目的进一步实施打下基础。

10.1.2 用户复合增长率高

一个项目能够成功最关键的因素就是能够获得广泛的用户群。如果用户的复合增长率比较高，那么就可以看得出这个项目有着巨大的发展潜力。因此在一定程度上，能够抓住用户群的心，就能够抓住投资人的心。

曾经有位风险投资人这样说过，已经盈利的网站，投资人比较关注它们的盈利模式，对于还没有盈利的网站来说，投资人往往非常看重其人气。

其实，对于绝大多数项目来说，往往在未盈利前需要资金支持，那么这样一来，它们往往就只能靠小程序未来发展的潜力赢得投资人的青睐，人气的判断在投资人看来是非常直观的一种判断方式。

人气有多重要，这在现实生活中也随处可见。往往处于闹市或者是市中心的店铺拥有更高的租金，但是位于偏僻的地带租金却少很多，毕竟对于很多商家来说，有了用户群才有了赚钱的可能。

但是单纯的人气排名并没有什么用，风险投资往往会看小程序的实力，还会从小程序的团队、内容等多个指标综合考虑。如果企业为了排名进行点击率作弊，也是没有多大用的，只有踏踏实实的促进用户群增长才是硬道理。

小程序本身就存在于微信这样一个非常好的基础之中。如今，微信有将近9亿的用户群，小程序如果能够瓜分到其中的用户，这个数量也是十分庞大的。可以说，小程序的先天基础比较好，获得用户的可能性也会更容易，这在一定程度上能够为用户的高复合增长打下基础。

小程序的吸粉能力有多厉害，从刚上线三天的数据分析就能看出。去哪儿酒店小程序，前三天日均 UV（Unique Visitor，即独立访客）都在 1 万以上，留存率高达 80%。小程序美丽阅读在三天之内带来了 10 万多的增长量，PV（Page View，即页面浏览量）更是高达百万。吴晓波频道会员在三天之间内带来了超过 3 万的新用户访问量，大大提高了新用户的增长率。

可以看出，小程序在微信内部拥有巨大的潜力。那么对于小程序来说，现在已经不需要对用户来源绞尽脑汁，如何把自己的产品或者服务做好，赢得微信用户的欢心，才是最需要考虑的问题。

小睡眠是一款专门给用户提供各种催眠声音的小程序，这款小程序的功能非常简单，就是为用户提供各种素材的声音，用户可以在小睡眠中进行自由选择。小睡眠在上线三天之内，获得的数据就已经是原来 APP 的四分之一。

如今，小睡眠仍然在获得用户上保持增长率，究其原因就是在于在后期发展中，能够及时进行更新，满足用户日益增长的需求，这也是其他小程序持续获得用户的不二法门。

移动互联网时代，前端和轻量级的应用已经成为一种趋势，小程序的兴起也是必然，拥有巨大潜力的小程序如何发挥出更大的作用，创造出更多的价值，就要靠每个开发者发挥自己的聪明才智。

用户复合增长率高对于创业者十分重要，不仅是因为能够推动小程序的快速发展，更是因为能够吸引到风投机构的信赖。能够获得庞大的用户群，对于投资者来说，也是一个值得信赖的定心丸。

用户复合增长率高依赖的还是产品或者服务本身，如果能够拥有一定的价值，弥补市场上的空白地带，为用户带来需求的满足，那么这个产品或者服务的用户复合增长率就会比较高。

10.1.3　小程序要能实现规模化

在某种程度上，项目的规模化与增长相关，规模化的项目说明项目的可行性以及利益的扩大化，投资机构希望企业在一定的时间内实现规模化。

很多企业的规模化是采取快速复制的方式，比如，小程序实习委员先是在广东获得成功，然后就可以地域复制，把业务快速地复制到上海、北京、深圳，以及其他二三线的城市，这种规模化不仅在实施起来比较便捷，还会引起投资机构的特别关注。

对于小程序创业团队来说，无论是否做好准备，都要在前期考虑怎样扩大企业的规模。那么做到什么时候可以实现小程序的规模化呢？有人这样定义：当小程序带来的终身价值超过了购买的总成本，并且已经找到了小程序的市场定位，商业模式也是十分清楚的，小程序的获客率在不断攀升，而获利成本却在不断降低。总的来说，就是企业的经济效应正在转好，虽然企业还没有开始正式盈利，但是已经有了关于盈利方式的想法。这个时候就可以使自己的小程序向规模化方向发展了。

规模化和过去已经有了区别，如今的规模需要更广泛地被应用于各种创业公司和成本结构中，指代更为复杂的一系列决策，再加上现在网络的稳定性和可扩展性，传统的营销策略和功能也在发生着变化，如图 10-1 所示。

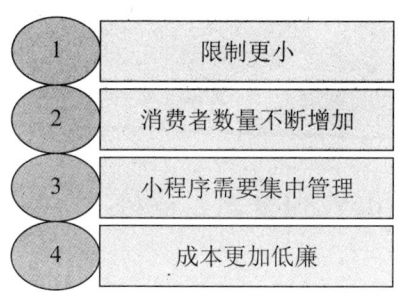

图 10-1　如今规模化发生的具体变化

需求不再受制于地理位置、行业和企业规模等条件的限制，企业只需要解决好特定的工作流程问题，就能够使自己的小程序被市场接纳。

小程序的个体消费者数量在不断增长，这就要求消费者和企业双方都需要做好准备，小程序应该一应俱全，使用户购买的时候能够更加方便。

小程序的开发成本低于传统软件，在营销模式上需要更加犀利的方式。再加上如今供应和认证已经实现自动化，企业就需要集中精力去部署自己的小程序。

规模对于创业团队来说，需要重新思考业务发展，为弹性的分配和利润留出空白地带，不能再使用传统的方式去进行营销。还有一点应该看到，那就是小程序的用户很可能是遍布全国各地，乃至全世界，如果有30%的用户是来自国际市场，企业就需要规划国外的市场。

要想实现规模化，考虑的内容无外乎有三点：市场吸引力、小程序准备和业务驱动能力，市场吸引力就意味着有巨大的竞争力，下面主要讲一下小程序准备和业务驱动能力方面。

小程序准备需要去确认自身的小程序和竞品的区别，乃至和用户体验的差距，不仅要使小程序符合当地用户的使用习惯，还不能进行大的变动来推销自己的品牌。

业务驱动需要考虑在未来的一段时间内，企业扩大规模的可能性，包括有多少办公地点，部门构成怎么样，每一个办公地点如何融入整个企业文化。

规模化虽然能够吸引到风投机构的关注，但对于创业公司来说却是一件不简单的事情。这个过程不仅需要依靠新用户，还需要利用核心功能取得他们的信任。优秀的创业团队不会惧怕这个时期的失败，往往会进行快速的试验、学习和适应，以便在未来的时间里创造出更有价值的小程序。

10.1.4 在可预见期内看到盈利可能性

风投机构对项目进行投资，根本目的还是在于这个项目能够带来更大的利益。如果小程序项目能够让风投机构在可预见期内看到盈利的可能性，那么这个项目自然就会获得风投机构的投资。

之所以说是可预见期内的投资，是因为这代表着企业的盈利能力。一个项目能否有很大的盈利，并不是看目前所创造的现金流，而是从一个预期的角度来看，或者是基于打造出来的业务模式的盈利性来看。

对所有的风险投资商而言，他们最关心的就是投资换来的回报，开发小程序的企业或者个人要让他们看到自己的小程序有这样一个前景。

一位风险投资人士透露，在过去的两三年时间里，国内风险投资项目的回报率能够达到 35% 左右，远远高于其他国家的回报率。因而能够吸引到国际上的风险投资来到中国进行投资。

很多国际上知名的风险投资也都进入了中国，比如，全球五大风险投资商之一的 Accel Partners 与 IDG 联合筹建了 5 亿美元的风险资金，而且针对的对象就是具有较强增长潜力的国内互联网企业。这样看来，小程序的融资过程还算具有一定优势。

很多创业者把自己的商业计划书设计得非常美观，往往很轻易地给投资者许下承诺——自己的项目能够很快就能盈利，有的甚至说自己在几个月的时间就可以达到持平的成绩，一年之后就可以收回投资并产生利润。

这些说辞听起来似乎很诱人，但是在投资者看来，这并不能使他们信服，反而会让他们觉得你是在吹嘘自己的团队有多好的管理和运营能力。这些都是经过实践之后才能看到的，一味的承诺只会让投资者更加不信服。

有些投资者表示，自己判断一个项目值不值得投资，短时间内的盈利能力并不是最重要的依据，最重要的还是未来的成长潜力，也就是看这个团队的发展潜力。一些大学刚毕业的人，往往是无法管理一个庞大的部门或者公司的，所以，投资人会很看重小程序团队的人员组成情况，以及领导人的管理能力。

可以看一下成功的案例摩拜单车，摩拜单车在 2016 年 4 月正式上线，在经历一年的时间里，摩拜单车不断受到融资，摩拜单车的规模也在不断扩大，使用的用户群也越来越多。对于摩拜单车如何盈利，反而是外界一直在猜测，摩拜单车企业只是表示先进行发展，再进行盈利。

虽然摩拜单车已经吸引到了庞大的用户群，并且数量正在与日俱增，但是却并没有着急盈利，反而一直是在进行融资，扩大企业的规模。如今摩拜单车已经从上海扩展到了北京、天津、广州等几十个城市。

所以说，好的项目不会急于一时的盈利，而是先把规模扩建起来，在前期发展稳定之后，再去思考如何进行盈利，只要是好项目，在一定预期内，就一定会实现盈利。

在做小程序项目时，不必着急告诉投资者近期就会盈利，而是告诉他们你的商业模式在未来的潜力，告诉他们你的团队有何潜力，项目具有一个良好的前景才能说服风投机构进行融资。

10.1.5　竞争方面优势明显

企业想要快速得到风投，还需要亮出自己的王牌，即使是已经搭建好了项目，打造好了创业团队，也需要向风投机构展示自己项目的优势，让他们知道你的项目具有一定的竞争优势。

很多企业在和投资人聊天时，往往会避开自己项目所存在的竞争对手，绝口不提项目有哪些行业壁垒，但是这些内容往往是投资人所看重的。所以，向投资者表明项目存在的明显竞争优势，以及一些弊端所在，往往更能获得投资者的认可。

小程序作为一种和 APP 相提并论的应用，确实存在着一些竞争优势，这在前文已经做了很多论述，这里不再赘述。

与 H5 相比，小程序的主要样式代码都被封存在微信小程序里，所以打开的速度比普通的 H5 要快，在速度上非常接近原生 APP，因此带来用户的流畅性也并不比 APP 差。而且小程序还能够调用更多的手机系统进行开发，比如，定位系统、录音、拍照等，这些能够丰富用户的使用场景，这一点，H5 也是比不了的。

小程序自从上线之后，功能也在不断扩大，给用户带来的体验也是越来越丰富。比如，安卓手机能够支持添加到手机桌面上，这样一来用户再使用某些小程序就不用进入到微信中，可以像 APP 一样在手机桌面上直接使用。

总体来说，小程序的运行速度和 APP 差不多，也能够做出 H5 不能做到的功能，在开发成本上又和 H5 差不多，又比 APP 低很多，因此，竞争优势也是显而易见的。

当然小程序还有一些劣势，比如，受大小限制，不能开发出复杂的功能；小程序的技术框架还不稳定，需要经常进行修改和维护；不能跳转外链，也不能直接分享到朋友圈，这些限制性因素使小程序在发展上也有了顾虑。

企业在做一个项目的时候就应该充分考虑到这些劣势性因素，配合自己小程序的特点，并且能够想出弥补这些缺陷的办法，或者变劣势为优势。

在和投资者进行交流的时候，不能把目光局限于现在，要把行业发展前景以及市场竞争优势摆给投资者。如果项目足够优秀，就不怕找不到投资者，应该多找一些投资者进行谈判，这可以提高项目融资的成功率。

微信小程序作为一种生态，肯定会像安卓和苹果那样，衍生出一些小程序所特有的新业态，这是一个新的竞争市场，对于创业者来说，虽然竞争会比较激烈，但是在一定程度上能够督促企业的发展。

在 2016 年，创投市场遇冷，一方面是由资金紧张导致的，另一方面是由投资热点不多造成的。如果小程序项目能够打动投资者，引来市场上的关注，那么小程序就能够成为投资市场上新的热点。

10.2 如何规划运营才能获得风投青睐

一个具有创意的项目自然能够赢得风投的青睐，但是如果能够把项目规划运营好，使这个项目进展得十分顺利，这个项目也同样能够得到风投机构的青睐。

对于小程序来说，经过合理的规划运营，使获取的流量和用户成本较低、运营效率高、运营成本低，以及形成小程序自己的盈利模式，而且在资金上能够自足自给，那么这样的一款小程序自然会被很多投资者关注。

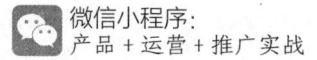
10.2.1 获取流量和用户成本低

互联网产品往往离不开流量和用户，通过规划运营，如果能够使小程序获取流量和用户的成本降低，从而使小程序的总成本得到有效降低，这对于风投机构来说，还是非常具有诱惑力的。

小程序位于微信内部，正是基于微信这个大环境中，才给自身小程序低成本获取流量和用户提供了可能性。小程序在刚上市的时候，就开始和APP叫板，很多观望者根本不看好小程序这个新生态，但是微信官方通过发布一些数据，使得那些持怀疑态度的人大吃一惊。

在微信官方发布的数据中显示，2016年微信注册账号已经达到了9.27亿，每个月的活跃账号已经达到了5.49亿。微信公众号的总数量超过了800万个，移动应用的对接数量已经达到85 000个，微信支付用户更是达到了4亿。

为什么小程序内测阶段一个内测号价值数百万，大家可以计算一下，开放的内测名额只有200个，200个名额去瓜分9亿的流量，不得不说，这些内测号有巨大的潜力。即使是现在，小程序已经对外开放，微信9亿的流量也是非常可观的。

Activate做过一项调查，截至2015年年底，微信能够从每个用户身上获取45元的收入，而腾讯游戏每个用户能够贡献出170～180元的收入，可以看到微信流量的转换率并不是很高，而小程序很有可能成为撬动微信这个金矿的工具。

微信在2016年第二季度及中期业绩报告中透漏，微信和WeChat合并之后月活跃用户数已经达到8.06亿，其中有将近95%的用户每天都要打开微信，并且不止一次，有60%的用户每天打开微信的次数已经超过了10次，其中有一半的用户使用时间超过一个小时，三分之一的用户使用时间超过两个小时。

由这组数据可以看出，微信已经融入了大多数用户的生活中，成为了一种生活方式。微信用户数量不仅庞大，还对微信具有非常大的依赖性。在微信内部去获得用户群，这是一件相对来说比较容易的事情。微商和微信自媒体的成功也正是得益于微信庞大的用户群这个条件。

跳出微信这个生态，可以看到 APP 市场已经逐渐饱和，用户获取成本已经日益增加，这给前期开发增加了不少难度。单个用户的获取金额也从几元向几十元、甚至上百元递增，小程序与此相比，不仅获取用户相对简单，获取的成本也会大幅度减少。

这是小程序先天的条件导致的，除此之外，企业还可以结合自己小程序特点进行规划，使小程序获取流量和用户的成本进一步降低，这样就能够使项目更具有吸引力。

10.2.2 运营效率高，运营成本低

对于企业来说，低成本、高效率的运营是一种整合战略模式。在一定战略指导下，通过对企业资源进行最优化的配置，在追求低成本运营的同时，还能够保持产品或者服务的竞争力。

风投机构最希望的就是使自己投进去的资金能够尽可能地扩大，他们当然希望一个项目的运营成本比较低，同样能够做出高质量的产品或者服务。

企业在管理中存在的人为和非人为的因素是企业成本居高不下的原因，在当今激烈的竞争中，降低运营成本是增加利润最有效的方法之一，这也成为企业需要解决的首要问题。

企业想要降低成本往往需要转变思想，并善于去沟通。对人才进行沟通，控制和协调人力资源，就能够降低成本。除此之外，企业对涉及成本的项目进行分化，可以分为材料、人工、费用等几个部分，然后再逐个降低成本，并设置奖罚制度，将责任落实到每一个人。

想要在市场中站稳脚跟，就必须适应市场经济，让企业低投入、高产出。而如何降低企业成本，实现高效率也一直是经营者需要着重思考的问题。一般来说，企业的低成本、高效率在运营上有三大基石，如图 10-2 所示。

集中化就是对分散的资源进行跨地域的整合，减少重复建设，提升资源的利用率，实现规模效应，以降低运营成本。集中化需要掌握统一、精简、高效能的原则，这样可以用一个点的工作代替其他点的工作。总的来说，集中化的

目标就是可以高效的满足各类业务的需求，不能因为要对资源进行整合就减少业务需求的满足。需要减少的是设施的数量，并不是需求。

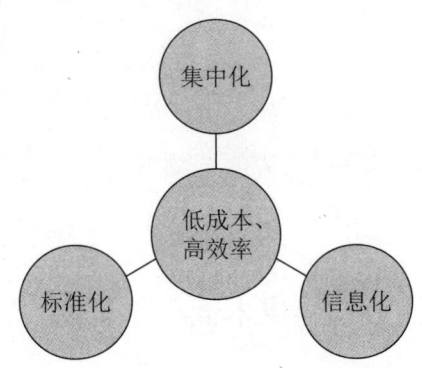

图 10-2　企业低成本、高效率的三大基石

标准化就是用统一的标准来对产品或者服务进行规划，从而实现资源最优，以及提升企业效率。小程序在不同的地域或者场景推出，不仅需要考虑当时的实际情况，更要持有一致的标准。标准化不仅限于小程序和设备，还涉及企业各个运营和管理流程。

以摩拜单车来说，它的标准化体现方式就是对于单车的统一性，从之前的上海，拓展到北京、天津等城市后，摩拜单车这个小程序并没有发生什么变化，都是采用统一的标准打造的单车，再按照统一标准进行投放。

信息化就是利用互联网信息技术促进企业小程序的开发，用信息化的思想去考虑企业各个阶段面临的问题，不断进行质量上的提高，改善服务和提升效率。

这三大基石能够让企业在多变的环境中处于更有利的位置，并且顺应环境的变化，更好地满足用户需求，提高企业的核心竞争力。

10.2.3　不盲目烧钱，有自给自足的盈利模式

对于投资者来说，如果一个项目花出的每一笔钱都有价值，并且能够创造出自给自足的盈利模式，那么这个项目就值得投资。再好的项目，如果在进行

的时候盲目烧钱，不精打细算，投资者都会避而远之。

小程序是由用户需求驱动的，在大规模的流量已经基本上被分割完后，创业者们就只能集中在深挖流量，给用户提供垂直服务。但是用户的需求是永远无法被完全满足的，如果能向他们提供想要的东西，形成爆款自然不是问题。

APP 的使用价值在今天看来主要是高频场景上，但对于那些低频场景，APP 显然就显得鸡肋了。而微信小程序的出现，能够填补低频场景的空白，使用户能够更加便捷的享受生活。

微信小程序的盈利点到底在哪里，这还要从微信说起。自从微信推出了二维码之后，在短短几年时间里，使用户的生活发生了巨大的变化，用户已经形成习惯去扫二维码支付，从大街小巷都提供微信支付就可以看出这一点。

除了支付功能，二维码还能添加好友或者公众号，识别商品详细信息，但人们在潜意识里似乎希望二维码能发挥出更大的功能，比如，在餐厅里直接点餐，用户可以用手机进行扫码订餐等。微信小程序正好可以满足这些场景，虽然对于用户来说，只不过是多了一种应用方式，但是对于创业者来说，则是多了一个创业的途径。寻找用户使用场景，增加用户黏性，就能够实现盈利。

小程序的分享功能是第一个盈利点，这和装机量是同一个概念，用户分享的越多，打开的次数也就越多。虽然小程序不支持朋友圈的分享，但是微信好友和微信群的分享，只要利用得当，也照样能够发挥出巨大的价值。

其次就是一些线下垂直类的小程序，小程序被微信期望成为微信闭环生态的重要环节，那么连接线下应该是一个明显的特征。通过小程序实现对线下实体店的深入对接，就能够使线下实体店再次发展起来。

营销类的小程序应该也会受到欢迎，从公众号的成功就可以预测出，小程序与订阅号相结合，从而能够推出一整套的推广方案。虽然说小程序不能推动广告，但是只要小程序推广出去，赢得用户群的喜爱，自然会有相关的营销手段产生。就像朋友圈一样，当初设置朋友圈，张小龙可没有想过让它成为微商的天下。

小程序毕竟只是一款工具，对于这样一款和 APP 功能相似、体积却小很多的应用，没有人会讨厌。微信小程序的盈利模式以及开发价值并不难发现，

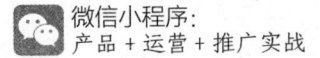
只要找到小程序的应用场景，并将其开发出来，就能实现快速吸粉。因此，小程序的盈利模式不在于它本身，而是在于如何寻找合适的应用场景。

10.3 怎样的团队配置能更好获得融资

一个好的项目还需要一支优秀的团队，这样才会使项目创造出更好的成果。风投机构往往还会十分看重一支团队的能力，同等水平下，优秀的团队往往更能引起他们的关注。

除了看重团队的优秀特质之外，风投机构往往看重"年轻 + 背景好 + 有经验"的团队组合，技术团队、销售团队、管理团队分配齐整，创业团队成员股权分配合理，并且拥有超强的执行力，这样的团队配置往往更能成功。

10.3.1 团队成员"年轻+背景好+有经验"

很多投资人都喜欢年轻、背景好，并且有一些经验的团队，因为这样的团队有朝气、有活力，在做项目的时候往往更有创意和魄力，不拘泥现实，会把项目玩出新的花样。

冰激凌 TOP Cream 就是由一群年轻人做出的品牌，在 2016 年 6 月融得了百万元的天使轮融资，投资方是青山资本。青山资本在这两年中涉足了很多泛娱乐化和消费升级的领域，而这些领域正是年轻人喜欢创业的领域。

对于为什么投资这些团队，青山投资看重的就是团队成员年轻、背景好，并且具有一定的经验。他们认为投资就是投人，因此非常看重一个团队的成员组合。

青山资本对 TOP Cream 创始人文豪最大的印象就是"聪明、年轻、阳光"，文豪在创业之前做的是金融工作，并有一定的留学经历。而且这个年轻人为了制作冰激凌还专门在意大利进行了半年的学习，团队中的另一个成员也有过创业经历。因此，总体来说，这个团队既年轻又有经验，并且学习能力还很强。

在后来的合作中，青山资本也没有对 TOP Cream 失望，这个团队用大胆的创意和蓬勃的朝气，打造出了一个垂直领域的新品牌。

冰激凌是一个细分的垂直领域，做这个领域的消费升级品牌，需要专注于产品的独特性，将自己的产品和其他产品做出差异，才能成为细分领域的领先者。

对冰激凌来说，这是一个冲动型和轻决策型的消费，用户的消费频率比较高，从如今的情况来看，季节性会越来越不明显，这些特征也都符合年轻用户群的冲动型消费和特性。

在互联网时代，无论什么产品都必须重视营销，当然也要在乎产品的本质。在青山资本看来，消费升级不仅仅是营销驱动的结果，而是产品和营销共同作用的结果，因此，不能仅靠营销。

对于这种新晋品牌来说，营销能力很重要，产品质量更重要，更何况是冰激凌这种产品，更需要团队具有一定的匠心，在做好品牌的同时，把握好细节。

年轻人还有一个特点，就是不盲目地迷信。很多资深的团队虽然在经验上会更加丰富，但是在具体做项目的时候，往往会比较保守。现在的年轻人一方面能够思想超前，另一方面还能够拾起传统东西，这点很重要。

TOP Cream 这个品牌在进行商业化、规模化的进程中，就是采取传统的方式进行的。在营销上，利用媒体广告、地铁广告等进行推广宣传。在渠道上，也是采取比较传统的方式，在这个过程中，这是传统品牌利用互联网进行升级，又利用传统的方式回归到了商业本质中。

除此之外，课程格子、饿了么这些团队也都由一群年轻人组成。从如今发展的情况来看，一群具有良好背景和稍许经验的年轻人能够做出创新的小程序项目，这也是投资者越来越向年轻人靠拢的原因。

10.3.2　技术团队、销售团队、管理团队分配齐整

对于团队内部而言，应该有明确的分工。一只分配整齐的团队必须包含技术、销售、管理这三个方面，在执行项目的时候，这三个团队应该相互沟通和

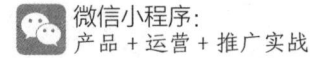
配合，只有团队之间保持协调，才会促进项目的圆满成功。

在很多投资人看来，有一个非常完整的团队十分重要，因为很多创业团队的商业模式并不是很清晰，即使清晰，也不一定能够有把握在一个圈子里。因此，他们希望看到的是一个强有力的团队，强有力的标准就是这个团队是全方面的，具有互补性。

对天使轮来说，最主要的事情是要有一个非常完整的团队。因为在天使阶段，很多商业模式并不十分清晰，而且即便清晰，能不能跑出来还没有把握。

对于互联网产品来说，技术是必不可少的内容，因此技术人员也是必备的。当小程序开发出来后，也需要进行营销，让用户去接受它，这需要销售人员，管理人员是渗透在项目进行的每一个环节之中，纯粹的某个方面的团队在如今几乎是不存在的。

对小程序来说，虽然需要一定的技术基础，但是不能把团队全部变成技术人员，因为对于小程序来说，在开发出来之后，后期营销依然同样重要。在进入市场之后，面对的是市场和用户，会涉及很多方面，如果没有其他功能的成员来继续发挥作用，那么这款小程序很可能会因为后期营销问题没能及时到达用户身边。

一个有技术、销售和管理的合伙人团队往往会产生意见冲突，出现互相推卸责任的现象，那么对于这种现象就需要团队之间设立良好的解决矛盾的机制，减少成员之间的相互猜忌和沟通误区。想要保持一个良好的团队氛围，团队成员之间需要做到的三个方面，如图 10-3 所示。

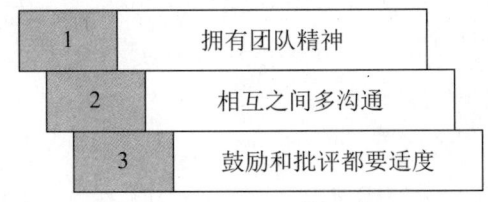

图 10-3　创造良好的团队氛围需要做到的三个方面

拥有团队精神，这是对于团队内每一个成员的要求。一个团队想要团结起来，就必须拥有团队精神，在这个时候，领导者往往发挥出巨大的带头作用。

创业团队在进行创业时，难免会遇到各式各样的问题，只有成员之间共同树立坚持不懈的精神，团结起来迎难而上，才会冲破困境。

沟通是解决矛盾的重要手段，一个优秀的团队往往具有很强的沟通能力。这种沟通能力不仅体现在开会期间，成员提出的建议或意见，也体现在工作时的交流。领导者需要掌握每一个成员的情况，通过沟通让每个成员都建立起团队的归属感，进而调动他们的积极性。

定期和团队成员进行面谈也是一种不错的沟通的方式，一般来说，一周一次的频率会比较合适，让每一个成员都可以分配到合适的任务，使每一个人各司其职。

成员之间的鼓励和批评都需要有的，鼓励可以激励成员的思考能力，适当的批评也能及时指出成员问题所在。比如，当成员在开会期间提出了一个良好的建议，就可以对成员进行适当的鼓励，当成员表现有所欠佳的时候，就需要及时指出来。

小程序从开发出来，到推广出去，最后达到用户身边，以及后续一系列的管理工作，都需要团队共同运营，技术、销售、管理这三个方面是不可缺少的。这三个方面如果能够分配整齐，并且团结合作，就一定会使整个团队更具执行力。

10.3.3 创业团队有超强执行力

创业团队往往是由不同专业、背景的人组成的，每个人承担着不同的责任，强调执行力是为了让每个团队成员在一定的前提之下自由发挥，从而使整个团队正常运转。尤其是在 ABC 轮，必须要向投资者展示整个团队的执行力。

执行力是实现目标的重要保证，在创业团队中，技术模块、销售模块、管理模块等不同模块的负责人都需要有很强的执行力。与此同时，创业团队也要有很强的主动性。只有这样才会使在创业项目中的每一个环节都各司其职，做好自己的工作，并且把这种理念成功地传递给基层员工，从而带动整个团队向目标冲刺。

执行力也是创业团队能够持续发展和良性运转的动力，在创业团队中，如果某些成员的工作很快就做完，并能及时把结果反馈给团队中的其他人，那么这个成员流程下的其他人就会主动地处理工作，从而形成一个良性的循环，整个团队的氛围也是积极不拖沓的，这个团队的整体效率自然就很高了。

对于一个创业团队来说，很多事不可能是一个人亲力亲为，打造整个团队的执行力，给成员适当放权是一个明智之举，那么如何打造整个团队成员的执行力呢？一般来说，创业者需要做到三点，如图 10-4 所示。

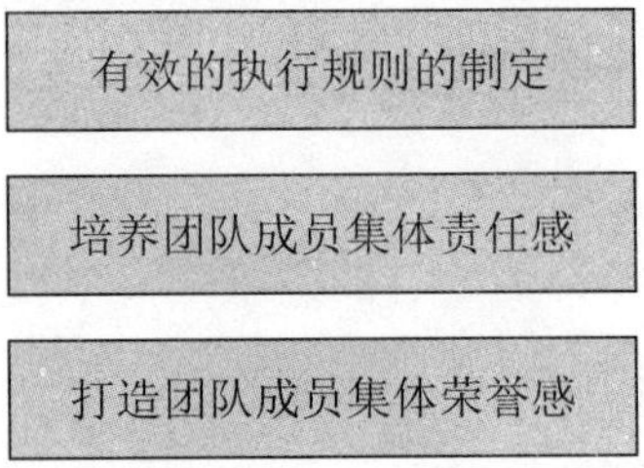

有效的执行规则的制定

培养团队成员集体责任感

打造团队成员集体荣誉感

图 10-4　打造团队成员执行力的有效途径

想要在最大程度上发挥出团队成员的执行力，需要制定执行规则，而且必须是合理有效的。奖罚规则是比较切实有效的办法，对团队成员优秀的表现进行奖励，对成员的错误行为进行惩罚，而且把这套奖罚制度用于每一个人身上。在制定了这样的规则之后，一定要按照规定严格的执行，否则这些规则就会成为一纸空文，团队执行力也会受到很大影响。

之所以要强调责任感，是因为责任感是每一个岗位都必须坚持的基本素质，尤其是对于创业团队来说。在团队中，每一个都是平等而独立的存在，每个成员都会有自己的职责，当这些人拥有一个共同的奋斗目标时，就需要责任感去作支撑，每一个人做好自己的工作，把集体的责任当成个人的。

对于团队工作来说，个人英雄主义无法再行得通，想要成功必须依靠整个团队的力量。打造成员的集体荣誉感，就是为了让每一个人融入集体，不搞个人英雄主义，才能让团队有高效的执行力，使团队得到更好的发挥。

执行力是一个创业项目成功必备的条件，也是发挥出团队最大潜力的基础，但是单靠个人的执行力是无法成功进行的，更不利于项目的长期发展，只有提高整个团队的执行力，才会使项目进展得更加顺利。

10.3.4 创业团队成员股权分配合理

对于一个团队来说，客观公正的分配好股权是整个团队稳定团结的保障。团队中的几个人，由于发力点和所做的任务不同，在分配股权的时候，要谨慎考虑好，如果股权没有分配好，很可能会导致成员的不满情绪，进而影响项目的进行。

对于投资人来说，不怕寡而怕平均，如果只是平均分配，而没有一个绝对的领导人，那么对于创业来说是很不容易成功的。但是如果分配的股权差别太大，一股独大，一个人拿到90%，剩下的所有人只拿到10%，这样就会使其他人没有动力，这样的分配也是很有问题的。

一个相对合理的股权制度，既不是平均分配，也不是一股独大，而是可以形成一定差距的比例。一般可以按照估值法，对创始人对创业投入的各项价值进行折算，算出总投入的价值后，再折算出每一个人投入的价值比例。

从这些限制性条件判断出，虽然创业团队中可以产生一个绝对的领导人，一个人的股权可以明显地高于其他人，但是具体的分配额度，还需要综合这个团队的各个方面进行考虑，没有绝对公正客观的比例，需要根据具体情况分析。

工作时间是可以进行估算的一个内容，工作时间的投入对于公司来说，是最主要的贡献。投入时间最合理的计算方式是按照人才市场上的工资标准来折算。比如，同样的学历和背景在类似的岗位上，其他公司会开出什么样的工资，那么这个工资就是这个创始人的时间价格。

但是如果这时创业公司给这个人发了这样的工资，那么就等于这个人对创业公司没有任何投入，只是普通的雇佣关系，这时候这个人也就不再属于创始人，而是一个打工者。

在另一方面，如果创业公司给予这个人一定的股权，低于他在其他公司的实际工资，那么这个人很有可能不会继续选择创业，而是去其他公司进行工作。所以，对创始人股权的分配一定要让他觉得，潜在的价值大于在别家公司的实际工资。

具体来说，当创始人在其他公司的月收入是3万，但是他在创业公司一分钱都没有拿到，那么这就等于为创业公司节省了3万的工资成本，这3万也是

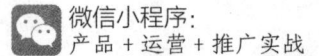
他对企业所作出的价值。如果他一个月领取了 1 万元，那么剩下的 2 万元就会成为他的贡献。

除了时间估算之外，还有具体的现金和实物的投入。对于创业团队来说，现金和实物都具有非常重要的价值。在这个时期公司还没有发展壮大，因此没有很多的投资人，资金作为融资来源，重要性要远高于公司发展壮大之后。

现金和实物的往往是具体的数值，往往会比较清楚，除了邀请专业评估师进行计算之外，创业者也可以简单地进行折算。

对于创业公司来说，人脉也是需要考虑的因素。如果某位创始人拥有良好的人脉资源，为团队提供一定的资源或者是建立合作伙伴关系，对创业公司做出贡献，那么这位创始人就可以多算入一些股权。

除了时间、现金实物、人脉资源之外，办公场地、专业知识以及其他资源也应该考虑在内。综合考虑创始成员在各个方面对创业公司的贡献，估算股权比例，就可以得到一个比较合理公正的股权分配。

10.4 如何规划公司资金的预算比例

凡事预则立，不预则废，对一些事情能够提前做好规划，才可以事半功倍，并且能够及时应对各种突发事件。对于创业公司的资金做好预算，才会使创业团队具有更明确的目的，在具体执行任务的时候才能利用好每一分钱，这也是投资者非常看重的地方。

对于一个创业公司来说，前期因为资金有限，应该对房租和基础设施费用进行合理节省，并对研发费用、人员成本和销售成本进行控制，对税金进行合理规划，并且留出一定比例的不可预算费用。

10.4.1 合理节省房租及基础设施费用

在创业初期，资金往往不够充裕，创始人往往希望把每一笔资金都用在刀刃上，外部环境往往成为控制的一个部分，合理地节省房租和基础设施费用，虽然不能给创始人带来一个舒适的办公环境，但却能够有效减少资金预算。

对于创业公司来说，办公室以及其他基础设施是必不可少的成本，虽然这部分资金预算是固定存在的，但是对于办公室的环境可以进行选择，选择那些环境以及基础设施一般的办公场所，相比较那些高大上的办公室，可以节省一大笔资金，这些被节省的资金就可以运用到其他方面。

有些创业者会认为，良好的办公室环境能够吸引到人才，于是在办公室环境等基础设施上投入了大量的资金，这虽然在前期的确能够招到一些优秀人才，但是往往会导致后期的入不敷出，很难维持公司的正常运转。

在深圳有一家创业型的电子商务公司，主要的业务就是对生鲜的快速配送。这个公司在创业初期就把办公室选择在了福田 CBD，这个地带装修的十分时尚，档次也很高，当然租金也比较高。

在开始阶段，这个公司凭借于此招到了一些出色的人才，公司的水平增长也很快。但是由于公司的资金预算很大一笔都花在了办公环境以及配送车辆、仓库上，结果剩余的现金流根本不够预期，只能维持几个月的运转。

后来，公司把大量的精力放在如何吸引更多的资金上，而疏忽了公司核心业务的拓展，从而导致了公司业务的下滑，公司的盈利能力也在下降，结果融资也变得越来越困难。最后的结局是，公司只维持了 6 个月就倒闭了。

从这个惨痛的教训中可以看到，一些面子上的工程，在前期资金不足的情况下，还是不要做的好。把资金预算都花在合适的场景上，前期环境虽然没那么舒适，但是却可以为公司后期发展做出巨大贡献。

因此，对于小程序创业公司来说，如果办公场所对核心业务没有太大的影响，就应该把精力放在业务和小程序上，等到公司步入正轨之后，再考虑改善办公环境。事实证明，很多企业都是这样做的，一方面可以节约很大的固定成本，另一方面也可以考验创业团队成员是否有坚强的毅力。

对于那些风投机构来说，他们虽然有充足的资金，但是也不希望看到你拿他们的钱用在一些面子工程上。当创业公司对自己进行克制，把资金用在最紧迫的地方，会很容易获得投资人的好感，赢得公司融资。

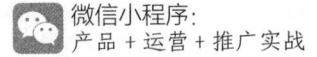
10.4.2　控制研发费用、人员成本和销售费用

除了房租以及其他的基础设施费用可以进行节省之外，研发费用、人员成本、销售费用也可以在一定程度上进行控制，这些方面也是比较重要的资金构成部分，如果能够对其进行有效控制，势必可以节省一大笔资金预算。

（1）研发费用。

研发费用预算具体是多少，很难预测出来，尤其是对于小程序这样的一种新生态小程序。一般来说，研发投入和小程序开发并没有直接的正比例关系，并不是研发费用投入越多，小程序的市场反应就越好，因此在研发费用上要进行适当控制。

一般来说，研发费用的预算可以从五个方面来考虑：技术方面、财务方面、人事观点、技术研发层的观点、整体观点考虑长短期计划。

研发费用的控制应该兼顾研发工作的各个方面，包括品质、成果和进度，对于费用控制，公司应该按月填报费用支出以及各项资本支出的动支率，这样就可以随时知道整个研发项目到底已经用了多少费用。

对于进度的控制，企业可以以月为单位填报各项计划的进度，但是费用和进度很难同步，有时候费用投入的比较多，但是进度比较少，有时候费用投入的比较少，进度却比较多。

最后是质量的控制，应该按照一定的时间，对研发成果进行检验，只有小程序达到规定要求，才可以计算费用和进度，如果小程序质量不行，计算费用和进度就会成为没有意义的事情。

（2）人员成本。

随着公司的不断壮大，人员也会逐渐增多，人员成本也会随之增加。对于创业期公司来说，人员招聘虽然会比较难，但是并不意味着，人多就是件好事。

凡客诚品创始人王玮这样看待人员关系：公司越热闹，烧钱混日子的人越多。之所以会说出这样的话，是因为凡客深受其害。在 2011 年的时候，凡客公司的员工达到了 13 000 名，但是那一年凡客的库存达到了 14.45 亿元，亏损了将近 6 亿元。

在对人员费用进行控制的时候，需要考虑到间接人工的工资分析，利用观察法发现问题。比如，人力资源通过观察发现，员工在 5 点下班，在 5 点半的时候已经没有一个人了，从这里就可以判断出公司到底需不需要加人。除此之外，还可以通过加班费来看是否需要添加人手。

关于薪资制度，很多企业都会采取这样的制度：固定工资调整较小，奖金和福利是主要的变动部分。也就是说当企业的效益比较好时，就可以给员工发更多的奖金，当效益不好时，发给员工的就比较少，这样的好处是显而易见的。

（3）销售费用。

销售费用也是企业不可回避的一笔开销，对于小程序来说，主要就是推广。很多企业在刚拿到融资之后会犯一个错误，那就是兴奋地失去理智，从而急功近利，开始烧钱模式，这样的行为无疑是一种"自杀"。

制订好合适的推广计划和预算是控制推广成本的有效途径，因为在做好控制之后，有了一定限制，企业就不会再盲目地去撒钱。

小程序的推广方式其实比较广泛，除了传统地推，还可以利用互联网进行传播，结合小程序自身特点，选择合适的推广方式，然后在此基础上作出预算，而不是人云亦云，才会做出比较理智的推广行为。

对研发费用、人员成本、销售费用进行控制，但并不意味着就是不顾实际的减少资金预算，而是在满足企业正常运转的情况下，结合具体实际情况进行合理的控制。

10.4.3　合理规划税金

税金是国家税务部门按照有关规定收取的相关税费，一般有营业税、所得税以及教育附加税等，在 10% ~ 12%，是企业不可回避的一部分资金预算，创业公司在进行资金预算的时候，应该把这一部分内容算入其中。

对于企业应该缴纳的税种和税率，一般根据经济性质和营业业务可以分为三种：流转税、所得税以及其他税种。

流转税主要包括增值税、营业税、教育附加税、城市维护建设税等，这种税是按照企业的营业收入进行征收的。增值税是对产品生产、流通等各个环节的新增价值进行征收的一种流转税。一般来说，增值税按照销售收入的3%、6%、13%、17%进行征收。营业税、教育费附加税、城市维护建设税也各有征收标准。

所得税包括企业所得税和个人所得税，这里主要讲述企业所得税。只要是在中国境内一切企业，无论是国有还是私营，无论是集体还是股份制，或者是其他组织，都应该依法纳税。

除此之外，其他税种还有消费税、印花税、车船税、房产税、资源税等，企业应该根据国家相关规定查看自己企业所涉及的税务有哪些，并根据企业的经营情况进行税金的预算。

对于税金，企业并不是完全被动的，也可以进行合理的规划，从而使税金在一定程度上能够减少预算。一般有三种规划方法，如图10-5所示。

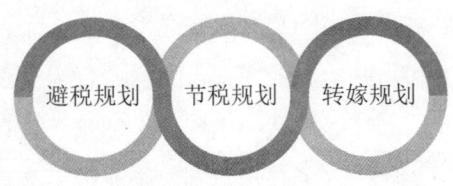

图10-5　税金进行合理规划的三种方法

（1）避税规划。

避税规划是在不违法的情况下制订理财计划，获取税收利益的一种规划。避税规划具有前期规划性、后期低风险性、非违法性、有规则性的特点，通过避税规划，可以促进税法质量的提高。

（2）节税规划。

节税规划是采用合法手段，利用税收优惠和税收惩罚等调控政策，获取税收利益的规划。节税规划具有合法性、规则性的特点，具有很大的调整性，并且在后期具有无风险性，能够促进税收政策的统一和调控效率的提高，具有倡导性。

（3）转嫁规划。

转嫁规划是一种纯粹的经济手段，利用价格杠杆，将税务转交给消费者或者供应商的规划。转嫁规划主要是以价格为手段，不会影响财政收入，但是能够促进企业改善管理，以及对技术做出改进。

从这三种规划中可以看出，税金的规划必须在合法的范围之内进行操作，任何以偷税、漏税等违法手段减少税金的企业都需要对自己的行为买单，不仅会失去投资人的信任，更会受到法律的严惩。

对涉及小程序项目的企业来说，可能前期所涉及的税种比较少。不过，一般情况下，小程序企业缴纳的是企业所得税。至于是否还需缴纳其他税种，则应根据企业所经营的项目类型以及产品各类。但是，无论小程序需缴纳什么税种，都要合理运用避税、节税以及转嫁规则。

10.4.4 预留一定比例的不可预见费用

不可预见费用又称为预备费用，是指在项目进展期内可能发生的一些风险因素导致的费用增加部分的内容。不可预见费用正如它的名字一样，企业是无法预料到的一些情况，因此在资金预算在中划出一部分作为这部分资金，可以解决企业燃眉之急。

即使对小程序项目做好各方面的规划，但是这个项目也不一定就会按照计划去进行，往往会有一些不可抗拒的因素阻挠项目的正常运行，这个时候就需要额外的资金去解决这些问题，不可预见费用就是这笔额外的资金。

虽然说不可预见费用只是以防万一，为了预防某种意外发生而特意预算的一部分资金，企业也并不一定会遇到这种意外，但是为了保险起见，企业还是需要考虑到这笔不可预见费用。

按照风险因素的性质划分，预备费用包括基本预备费和不可预算费用两种。其中，基本预备费就是指由设计变更或者是不可抗力导致的费用的增加。在小程序项目的进行中，如果一些开发工具或者是设施、人工等条件的价格上涨，就会带来这种差价，从而造成资金差别。不可预算费用虽然具有不可预测性，但是这笔资金却不是随意设置的，一般来说，不可预见费用可以预留 3%，除非特别大的小程序项目，否则一般不会超出 10% 的比例。

对不可预见费用的预算，是一个企业考虑周全的表现，即使是处于创业时期资金储备比较紧张，也应该预留出这一部分费用以备不时之需，这种考虑周全的创业公司往往也会更容易得到投资人的青睐。

第11章

小程序未来可能颠覆的4大领域

11.1　O2O 生活服务领域

大家普遍认为低频、刚需类的生活服务类最适合做小程序，而且很多人断定，微信小程序的出现很有可能会颠覆 O2O 生活服务领域。因为一方面小程序可以降低实体店互联网化的运营成本，不需要再使用 APP，另一方面是能够连接线上和线下，能够弥补服务号带来的不足的缺陷。

也就是说，小程序在 O2O 领域的开发门槛很低，能够带动各类生活服务的出现，一些家政、票务、点餐类的生活服务将会使得人们的生活变得更加便捷。

11.1.1　开发门槛低，各类生活服务会出现

小程序和之前的互联网产品相比有一个显著的特点，那就是开发门槛比较低，正是这个原因，小程序给创业者带来更多机会，进而能够推动一大批生活服务类小程序产生。

小程序自上线前便一直受到各界的追捧，除了它是微信开发的一种新应用形态以外，还在于其自身很多优势。与原生 APP 相比，小程序更像是一个轻应用，现如今很多原生 APP 被高度折叠，这会严重影响到原生 APP 的使用频率。

另一方面原生应用的高成本设置了一个高门槛，把许多创业者拒之门外。

再来看小程序，小程序中的 H5 页面能够使开发和推广两项成本降低，从而改变互联网市场中的应用规则。创业者既可以利用成本较低的 H5 技术机型开发，还可以利用微信的入口方式进行推广。除此之外，H5 的种种特质也会使小程序更为流畅，用户可以拥有更好的使用体验。

从小程序的开发成本来说，小程序的难度比原生 APP 简单很多，而且微信官方和第三方平台也会提供很多免费开发工具，这会帮助开发者进行小程序开发。这也就是为什么一款 APP 需要两三个月的开发时间，而开发一款小程序只需要几天，甚至是几个小时。时间的减少，导致成本的有效降低。

企业或者创业者可以有更多的机会进行小程序开发，在高频场景被占用的同时，仍然能够对高频应用做一些补充。而且可以把在开发推广上节省的许多精力用于用户体验上，为用户创造更多的可能性，这对于企业和创业者来说，无疑是一个潜在的好处。

在人们的日常生活中，会有各式各样的需求，由于之前一款 APP 的成本比较高，企业不会轻易地去开发一款应用来满足用户的某项需求，在这种情况下，小程序就可以弥补这片空白。

小程序最原始的一个目的就在于连接线上、线下场景，因此各种生活类服务场景是最容易被考虑的内容。当用户在生活中有了某种需要，打开小程序进行一定操作，再结合线下场景，就可以迅速地满足这个需求。

小程序在上线之后，又陆续开放了"附近的店"这种生活服务功能，线下商店可以在小程序后台绑定门店，用户在小程序内就可以非常迅速知道，附近有什么店铺，并且在小程序上可以进行一定的服务。从这个功能的开放可以看出，微信官方对于小程序也是十分倾向于生活服务类的。

11.1.2 家政、票务、点餐更便捷

纵观 O2O 行业，前几年有过一段时间不错的发展之后，就开始陷入越来越难的境地。不过从目前的情况来看，除了外卖、出行等行业发展比较好，其

他行业的线下和线上很难做好连接，甚至有一些O2O创业公司最终以失败而告终。

小程序由于自身的特性，决定了它非常适合在O2O行业发展，并且具有显著的优势。无论是家政、票务、点餐、订花或者是其他生活服务类场景，小程序能够通过一个二维码向用户提供这些服务。

以家政O2O来说，在2015年的时候，国内家政服务市场总规模就已经突破了1万亿元人民币，发展到现在仍有很大的发展空间。和传统的家政服务相比，家政O2O拥有着明显的优势。首先，互联网能够加快信息流通，提高传播效率，这个开阔的平台，更是能够打破传统信息的封锁，实现买卖双方的信息对称。其次，可以变之前的被动为主动，家政阿姨们不再等待着被选择，而是可以自由的选择和查找工作，这样就可以使原来许多被闲置的资源利用起来。所以，从这些方面来看，家政O2O还是有很大的潜力，家政方面的再次兴盛也就是必然的一件事了。

除此之外，票务类的服务对于大多数用户来说，其实是一种低频场景的服务，很多用户虽然在手机里下载了这样的APP，但是使用的频率并不高，为了一年只有几次的长途出行而一直保留一款应用，其实也是一件比较痛苦的事情，显然用户急于改变这种情况。在这种情况下，小程序的出现就很有必要。只需要一款小程序，用户就可以随时随地地用，并且不需要下载、安装、卸载等流程，更不会占用过多的内存，这听起来就是一件很炫酷的事情。

小程序能够凸显互联网时代对线下渠道的重视，而餐饮刚好正是侧重于线下服务的体验。其实，有先见之明的餐厅已经有了自助点餐的服务，像肯德基、麦当劳。关于点餐类的小程序，曾有过不少设想，通常就是支持用户自主点餐，甚至用户不需要排队，就可以计算着时间到店里后马上可以进餐。

可以看出，小程序虽然是一款比较小的轻应用，却可以为人们的生活提供更便捷的服务。家政、票务、点餐这些都是会涉及融合线下场景，也是人们日常生活中不可缺少的场景，一旦这些场景被更好地开发，人们的生活也必将更加便捷。

小程序与O2O行业之间的巨大联系，使得O2O服务类有望在人们的生活中实现重大转变，虽然目前小程序带来的体验并没有 APP 好，但是如今小程序仍在不断改进，不断向开发者开放各方面特权，小程序的出现在未来很有可能会颠覆 O2O 生活服务领域。

11.2 电子商务领域

微信一直期望在电商领域做出成绩，但是很显然并没有形成一定规模，由于购物场景缺乏以及用户的体验相对较弱，微信电商化的理想一直没有实现。

如今小程序的出现可谓是一个转机，尤其是当京东、唯品会、一号店入驻了微信小程序，很多微商也转向小程序，以及线下商业场景也借助小程序来进行转化，微信必将在电子商务领域实现颠覆。

11.2.1 小程序促进微信电商布局

由于微信自身存在的种种限制，在内部并没有形成一定的电商规模，微信小程序能够通过扫描二维码的方式快速进入场景，使企业商家快速地实现人与服务或者是小程序的连接，从而促进了微信电商的新布局。

如今，电商的购物场景早已发生了改变，以往单纯的货架模式已经不能满足消费者的需求，电商开始转向以内容为驱动的场景购物，比如，淘宝推出的淘宝头条。对于这一方面，小程序有着独特的优势，不仅可以降低商家的开发难度，还能在微信好友中进行传播。线下商家通过自己的设计，往往能够丰富小程序的场景，从而增加用户的下单量。这样一来，商家和微信电商就是相互促进的作用。

之前微信在电商方面并不具备优势，小程序的出现或许能够改变这种场景。小程序的门槛较低，商家可以有更多的机会开发出更多的场景，从而能够快速获得粉丝，提升用户的体验。

可以预见，微信能够在小程序的帮助之下，快速实现线上、线下同步发展

图 11-1　通过扫描二维码得到的相关食品

电商的愿望。线下的微信支付能够带来新用户，线上还可以通过小程序提高用户的复购率。加上小程序是微信下一个阶段的重点，这对于商家来说也是非常有利的，这必将影响一大批商家的运营方向。

微信电商的这种布局体现在具体的场景之中，比如，用户在商场里购买了一台电器，在使用的过程中出现了问题，于是他通过扫描包装上的二维码就可以打开和客服聊天的小程序，就能快速获得来自商家的服务。再比如，用户在线下商家买了一款零食，觉得很好吃，就想要看一下这个店里还有什么样的食品，于是就通过扫描二维码，进入到这个小程序中，进行相关的浏览。图 11-1 是"百草味"小程序页面。

除此之外，在电商类小程序中，用户看中了某个商品可以直接使用微信支付进行购买，还可以把这个商品的详情页发送给好友，让他直接购买，这样一来就比发外部链接更方便。

当用户在线下购买了一件商品，想要辨认这个商品的真伪，就可以直接扫描商品上的二维码，看是否满足正品的要求，这种查询真伪的方式对于用户来说既简单又便捷。通过扫描二维码，用户可以实现找到售后、线上购买、查询真伪、追寻质量等问题，让商家提供给用户的服务更加的精准化。这些不同的场景都是基于用户不同的需求，正是小程序使得消费者的需求得到满足。

11.2.2　爱范儿"玩物志"：不是APP胜似APP

玩物志是爱范儿旗下的一款电商小程序，定位于"新生活的引领者"，能够为用户提供具有时代气息的高品质的生活用品。这款电商小程序对于用户来说，虽然不是 APP，在体验上却胜似 APP。

爱范儿这款小程序在接到内测号的通知后，只用了半天的时间就把玩物志小程序开发出来了，这样的一个速度让人怀疑质量到底是怎么样的，不过事实证明，速度并未影响用户的体验，玩物志可以实现从商品的挑选、查看到下单付款这一系列的购物流程。下面就来具体看一下它的体验到底是怎么样的。

其实，在玩物志之前，爱范儿已经推出了玩物志小电商平台——Coolbuy 玩物志，其页面如图 11-2 所示。Coolbuy 玩物志小程序能够带给用户关于玩物店更加丰富的体验，进入到玩物志小程序中，就仿佛进入了一个全新的电商 APP 的大门。

首页是轮播图，用户可以来回滚动查看玩物志编辑精选的新鲜优质商品，单击相应的商品，就可以进入商品的详情页。在轮播图的下方是各种商品的分类，在小程序的最下方的导航栏中，还有一个专门的分类图标，单击图标就可以进入到商品分类页面，如图 11-3 所示。

图 11-2　小程序玩物志的主界面

图 11-3　小程序玩物志分类界面

对其中任意一个分类进行单击，即可看到这个类型的所有商品。单击最顶部最新、最热的商品，还能够根据商品上架的日期和热门程度的顺序进行浏览。

如果用户对其中任意一件商品感兴趣，可以通过单击进入商品详情页，详情页中会有关于这个商品的细节描述、规格参数、品牌描述等，用户可以全面了解这个商品的各项信息。

如果用户想要购买这件商品，可以单击商品详情页中的"加入购物车"或者是"马上购买"，剩下的过程就像是其他电商 APP 中的一样，直接进行支付就可以了。

用户还可以在"我的"这个页面中进行查看自己购买的商品信息和物流信息，并且对收货地址等个人信息进行修改。

在玩物志小程序中，还可以通过单击最下方的导航栏，实现不同页面的切换，迅速进入到某一个页面中。不像 APP 那样必须要注册登录，玩物志小程序可以直接微信登录，在进行付款的时候可以直接使用微信支付。从登录到付款，玩物志能够给用户带来便捷、流畅的体验。这种贴近用户生活的方式，也贯彻了爱范儿对微信电商的实践。

通过对玩物志的介绍，可以看出小程序在功能和服务的使用上，和一款 APP 几乎没有任何差别，而且一款电商类 APP 应该具备的功能都已经具备，还具有自己的新意。总之，玩物志虽然是一个电商类的小程序，但更像是一个引导人们时尚生活的工具。

11.3 软件产品开发领域

对于互联网产品来说，技术要先于产品出现，但是又会追随着市场需求的脚步。如果小程序能够满足大多数 APP 的需求，更好地发挥出 H5 的体验价值，就会对软件产品开发领域有大的影响。

具体来说，小程序的前端开发较 APP 容易很多，是前端开发者的春天，但是给后端开发者提出了更多的要求。整体门槛的降低，让许多个人能够接受小程序的外包工作，而微信开发也会成为一个独立的岗位。

11.3.1 小程序是前端开发者的春天

在小程序推出之后，很多人有这样一个发现：小程序的语法和前端语言非常相似，因此纷纷表示，小程序的前端开发比较容易，是前端开发者的春天。

这样说不无道理，从网页前端到小程序中，开发成本几乎可以忽略不计，而且小程序的 MINA 框架还可以让前端开发者在同样的时间里，开发出体验更加良好的网页。

另外，由于 MINA 的限制，让原来网页中的开发框架无法继续使用，Web 前端程序员可以对组件效果进行选择，或者是专门使用微信提供的视觉组件框架。这种限制还会催生一种新的内容，那就是微信小程序的开发框架。

最重要的一点是，未来由于小程序需求的增多，前端程序员的需求也会增加。那么这个时候前端开发者需要做好准备，如果向微信小程序发展，除了原有的 HTML、CSS 和 JavaScript 技术之外，还应该掌握一些其他前端开发框架。

对于前端开发者一个好消息就是，微信把小程序的接口封存得非常好，前端开发者在开发的时候，只要几行简单的代码，就可以轻松地调用这些接口。

虽然小程序能够给前端开发者一些便利之处，但这并不意味着前端开发者就可以在心理上产生松懈，对于前端开发者来说，只有在一定前提之下，小程序才能完全成为他们的春天。

众所周知，前端的入门门槛非常低，但是想要学到精髓，可能会比苹果、安卓这种客户端还要难，因为它需要考虑的场景比一个 APP 还要多，兼容性非常难把控。再加上市场上缺少前端人才，很多人可能只学习了几个星期的 Bootstrap。

一个工程师和普通的程序员的区别就在于投入的情况，一个前端工程师需要了解的不仅仅是 CSS 或者 JQuery 技术，也应该懂得一些设计方面的知识，或者了解一下 SSH 或者 Node，这样就不会再局限于静态页面中。

目前的前端开发者面临的一个整体情况就是掌握的技术知识并不是很多，运用起来也不是很熟练。对于那些拥有娴熟技术的前端开发师来说，小程序的确能够给他们带来更多的好处，但是对于那些技术并不牢固的前端开发者来说，并不会有太大影响。所以，前端开发者为了能够享受到这股福利，还是应该再把前端技术巩固一下。只有掌握牢固的前端开发技术，才能在开发小程序的时候更加得心应手，也更具备竞争力。

11.3.2　小程序给后端开发者提出更高要求

小程序虽然是前端者开发的春天，对于前端开发技术的要求大幅度降低，但是小程序对于后端的要求一点都没有降低。对于大部分小程序来说，它们同样具有数据交换的需求，这就需要后端技术的支持了，因为小程序并没有摧毁后端，甚至是对此提出了更高的要求。

从小程序的消息传播当中，有这样一种声音：后端要失业了，这只是一个玩笑话。但是微信小程序的出现的确把之前一大半原本属于后端的工作给抢走了，被抢走的工作往往是具有通用性并且能够机械代替的部分。

那些通用性的后端技术会被微信一些服务取代，举一个例子，用户系统已经被微信的用户系统很好的取代了，这不仅仅是微信小程序的趋势所向，更是整个后端发展导致的结果。

后端技术在未来更多的将会存在于大数据和人工智能领域，而且前后端之间并不会有那么大的鸿沟，很多后端开发者也在学习前端，并且运用的非常好，在技术上，这一切都是可以相互沟通的。

这对前端开发者来说，就意味着不需要再去研究该如何对微信客户端进行完美的搭配。因为微信团队早就已经把这些内容给定义好了，开发者只需要按照微信官方的相关规定，设计开发自己的小程序就可以了。

微信团队在技术方面定义好了云空间、框架代码、底层架构，作为一名程序员，只需要关心小程序本身的代码编写工作就行了。从这个意义上来说，新手和老手在小程序开发上并没有太大的差距。

另外，小程序的开发成本极低，这让单个的需求开发成小程序成为了可能，而在未来也势必有很多企业瞄准这一市场，为企业提供后端的技术支持，甚至可能会出现将后端封装成为独立安装的整包进行出售。

因此，虽然小程序对后端开发者提出了更高的要求，但是也不必太紧张，小程序的出现只会让后端的需求变得更多。对于个人来说，如果有兴趣开发小程序，那么后端可以作为小程序开发的起点。

11.3.3　让更多个人、开发者接受小程序的外包工作

小程序在门槛上的降低必将会促使很多企业投入到小程序的行列，这样一来，程序员的需求就会大大增加，再加上小程序门槛降低，许多个人都有机会开发出一款小程序，因此个人、开发者完全可以接受小程序的外包工作。

虽然开发小程序的企业会有很多，但是拥有专门开发团队的公司并不会有几个，因为程序员的成本还是很高的，这也就导致很多企业会选择外包，让外包帮助他们开发所需要的小程序。

除了选择外包公司之外，程序员也可以接受这项外包工作。可以说，小程序的出现给个人和开发者独立开发的机会。一款小程序相比 APP 来说要简单很多，在 2MB 的设定之下，只能允许运行一些比较简单的功能，那些比较复杂的功能，小程序也支撑不起来。这样一来，个人去开发小程序的时候就容易很多。

再加上小程序不用区分安卓、苹果版本，这就意味着只做出满足微信要求的一套系统，就可以在任何版本中进行运行，这与 APP 相比，难度又减少了一半，开发的时间和成本也降低了一半。

个人在接受外包工作的时候，一定要注意小程序开发的质量，毕竟小程序的竞争力正是凭借着强大的质量。如果开发出的小程序质量得到企业的认可，那么这对于开发者来说也是一件好事，将会接收到大量的小程序外包订单。

除了做外包工作之外，拥有一定技术基础的程序员还可以开办小程序培训班进行盈利，小程序在技术上难度的降低，势必会引来很多个人想要独立开发，

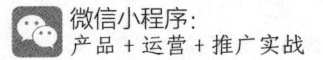

那么缺乏技术的他们就会选择相关的培训。

11.3.4　微信开发将成为独立岗位

微信小程序作为一个独立的生态，能够为用户带来新的服务场景，很多原生 APP 在这里可以以新的形态出现，那么可想而知微信开发很有可能会成为一个独立的岗位。

小程序对很多创业者和开发者来说，都存在着巨大的吸引力。小程序作为一个开放的低门槛的平台，能够为他们提供创造各种可能的机会，企业或者个人想要涉足这一方面的知识，就需要开设相关岗位或者是学习相关的知识。

这些并不是假设，事实证明小程序在刚上线的时候，一些公司就开设了像微信小程序开发之类的新工作岗位，并开始招聘这样的人才。在智联招聘、拉勾网等招聘网招都能看到这样的招聘信息，小程序开发成为一个独立的岗位已经初见端倪。

企业着手小程序的开发一般有三种形式：企业宣传类小程序、社区类小程序和服务类小程序。企业宣传类小程序是为了宣传企业而设立，里面包含的内容主要是关于企业的一些资料，这种小程序使用场景范围比较小，一般都是用户企业内部和商务合作时运用；社区类的小程序意在打造一个交流平台，用户可以在这个小程序里快速寻找到想要了解的信息；服务类的小程序主要是一些服务和产品的介绍，能够提供给用户更多的服务。

对于小程序的开发者来说的，另外，也可以判断出很多人对小程序开发技术的需求。现在已经有第三方平台或者个人提供了小程序的培训课程，能够为那些想要独立开发小程序，却苦于没有技术的个人提供了一定的条件。

在小程序之前，微信公众号也是带着服务用户的目的而生。在此基础上也产生了一大批的自媒体，这些自媒体正是完全依赖着微信而生存，养活了一大批自媒体人。除此之外，许多企业还另外增设了微信公众号运营等职位，用专人来负责微信公众号的运营，从而使得微信公众号成为一个独立的岗位。

从公众号的发展中，可以在一定程度上看出小程序的未来发展方向。小程序作为微信的新产物，在功能和服务方面远远高于服务号和订阅号，同时还承载着微信生态的职责，能够看得出小程序是微信接下来工作中的重点，微信官方一定会给小程序更多的支持，小程序开发必将成为一个新的岗位。

11.4 移动搜索领域

移动搜索在如今已经有了入口之分：应用市场、手机浏览器、百度移动端等，手机浏览器是 PC 时代的网页入口，但是缺乏一定的互动和延续性，原来的入口也逐渐变成工具了。百度移动搜索不能搜索到线下的服务，也无法对线下服务进行跟踪，更无法向用户推荐需要的小程序。

应用市场成为一个集中的大入口，但是在小程序出现之后，可以预料到的是用户对于应用市场的依赖性就会大大降低。小程序还解决了手机浏览器和百度移动端的问题，从而能够为搜索的可持续性创造了可能性。

11.4.1 小程序为搜索的可持续性创造了条件

小程序这个入口的搜索方式，不仅能够满足与用户之间的互动性，还能对用户的线下服务进行追踪，甚至为用户推荐好的小程序，这种搜索方式能够为用户提供全方位的服务，更为搜索的可持续性创造了条件。

微信的搜索框是一个搜索比较全面的功能,在搜索框里可以搜索到朋友圈、文章、公众号、小说、音乐、表情等内容，如图 11-4 所示。随着小程序的出现，这也成为小程序的一个主要入口方式。

随着小程序数量的增多，在未来可能还会出现按分类检索、按标签推荐、按位置定点推送、按关键字搜索等，结果展示出之后，就可以直接进入到小程序的功能页中，真正实现用完就走。

用完就走、搜完就走这其实和谷歌的追求很相似，传统的互联网都是由无数个网站链接而成，其中内容的搜索和分发都是通过搜索引擎来完成的。谷歌、百度这样的搜索引擎都希望用户能够搜索到最为精准的答案，然后赶快离开到达其他的场景。

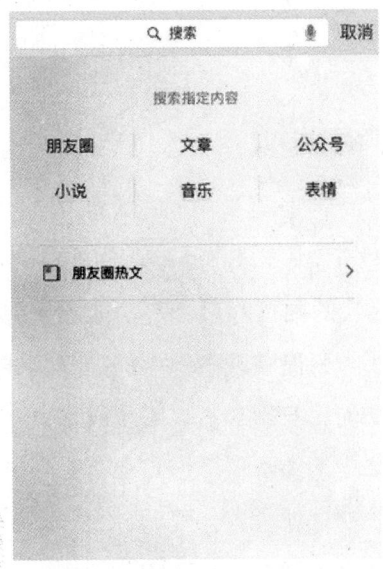

图 11-4　微信搜索框

移动互联网是由一个个独立的 APP 构成，每个 APP 之间都是相对隔离的关系，信息也无法实现共享。而且高频 APP 正在逐渐的谋杀低频 APP，最后只留下几个超级 APP 的存在。

在这种情况下，低频 APP 的生存情况岌岌可危，完全和高频 APP 硬碰是不可能成功的，这个时候就可以用小程序来代替那些低频 APP，这样所有的服务和场景就都能被覆盖了。

如今出现了小程序商店，这是由个人搭建的，虽然此类商店集合了许多小程序，很多 APP 的公众号资料页上也能看到小程序的入口。微店、有赞这样的微商平台应该还会推出一些单个的小程序代码，让商家能够存在于自己的微信公众号上。这样的话，既不会得罪苹果应用商店，还给小程序设计了闭环。

小程序虽然现在不能和苹果应用商店相对抗，但是安卓应用市场会被慢慢地消耗，就像微博当年对抗论坛的冲击一样。现在小程序虽然看起来像在给 APP 引流，但实际上是对应用市场的冲击。随着人们逐渐去开发小程序，应用市场就会逐渐被遗忘。

和传统互联网搜索引擎的不同点在于，百度、谷歌等都是分发的内容，阿里是分发的商品交易，微信能够分发的是线下场景和服务。

在这个时代，少也可能成为多，未来的搜索更需要一种连接线上、线下的能力，而小程序的出现，刚好满足这个要求，能为搜索的未来发展创造更多的可能。

11.4.2　小程序可模糊搜索为营销带来新方向

搜一搜是小程序的主要入口方式之一，对于用户来说，也是一种比较便捷地找到小程序入口的方式。小程序的搜索功能自从开放了可模糊搜索之后，就为用户提供了更多的选择，对于营销来说，也将成为一个新的方向。

模糊搜索功能支持用户直接搜索任意的关键字，搜索出来的结果就会包含和它相关的小程序，如图 11-5 所示，在输入了关键词"天气"之后，就会出现包含有天气的小程序。

图 11-5　搜索关键词"天气"得到的搜索结果

除了天气之外，表情、音乐、电影、资讯、美食等常用关键词已经开放，尤其是一些生活类的，支持模糊搜索还有一个前提就是微信需要更新到最新版本。

之所以说能够为营销带来新方向是有一定的依据的，小程序本身就具有较低的门槛，微信内部有包含着良好的营销环境，转化得会比较快，会促使很多广告主直接部署一个小程序，这就相当于在微信内部有了小程序。

除此之外，小程序可模糊搜索更是直接推动了营销的发展。用户在进行关键词搜索的时候，搜索结果会是所有包含关键词的内容，那么企业就可以利用这种特性把相关的文章或者是小程序嵌入关键词，那样当用户搜索的时候就会发现这些内容，这就使得营销手段得到进一步的扩大。

据此也可以看出，如果想要利用这个方面做营销，就要做好关键词优化，根据用户的搜索习惯，选择合适的关键词才能更容易被用户查找到。

参考文献

[1] iResearch. 2016 年 11 月移动 APP 独立设备覆盖情况 Top10[R]. 艾瑞咨询 APP 指数，2016-11.

[2] 中国信息通信研究院 . 移动互联网发展趋势报告（2017）[R]. 北京 . 新世界 酒店二层宴会厅，2017-01-10.

[3] 郝胜宇，陈静仁 . 大数据时代用户画像助力企业实现精准化营销 [J]. 中国集 体经济，2016，（4）:61-62.

[4] QuestMobile. 流量聚合升级赋能生态闭环——微信小程序用户画像及行为 研究 [R]. http://www.useit.com.cn/thread-15095-1-1.html,2017-03.

[5] 三茅 . SWOT 分析法 [OL]. 三茅人力资源网 .http://www.hrloo.com/rz/71220. html，2013-01-25.

[6] 织木 ZeeMo. 创意让二维码更有爱，二维码惊艳的九大绝招 [OL]. 微博：织 木 ZeeMo，2013-04-03 12:10.

[7] 雪姬 . 数据分析第一步 / 做好数据埋点 [OL].36 大数据：http://www.36dsj. com/archives/43964，2016-03-17.

[8] 腾讯控股有限公司 . 2016 年第二季度及中期业绩报告 [R]. http://www.sohu. com/a/111055841_114800，2016-08-17.